AF393355

Deutsche Castrol
Vertriebsgesellschaft mbH
Postfach 30 12 49
Esplanade 39
D-2000 Hamburg 36

Ursprünglich veröffentlicht in der Reihe „Technische leergangen"
unter dem Titel „Olie & Motoren"
von Educatieve en technische uitgeverij DELTA PRESS BV,
Overberg, gem. Amerongen, Niederlande.

© 1991 by Educatieve en technische uitgeverij DELTA PRESS BV,
Overberg, gem. Amerongen, Niederlande

Zusammengestellt durch P. Klaver

Deutsche Übersetzung:
unitext® GmbH, Berlin

Alle Rechte vorbehalten
© Springer Fachmedien Wiesbaden 1992
Ursprünglich erschienen bei Friedr. Vieweg & Sohn Verlagsgesellschaft mbH,
Braunschweig/Wiesbaden 1992

ISBN 978-3-528-04827-3   ISBN 978-3-663-15802-8 (eBook)
DOI 10.1007/978-3-663-15802-8

Öle und Motoren

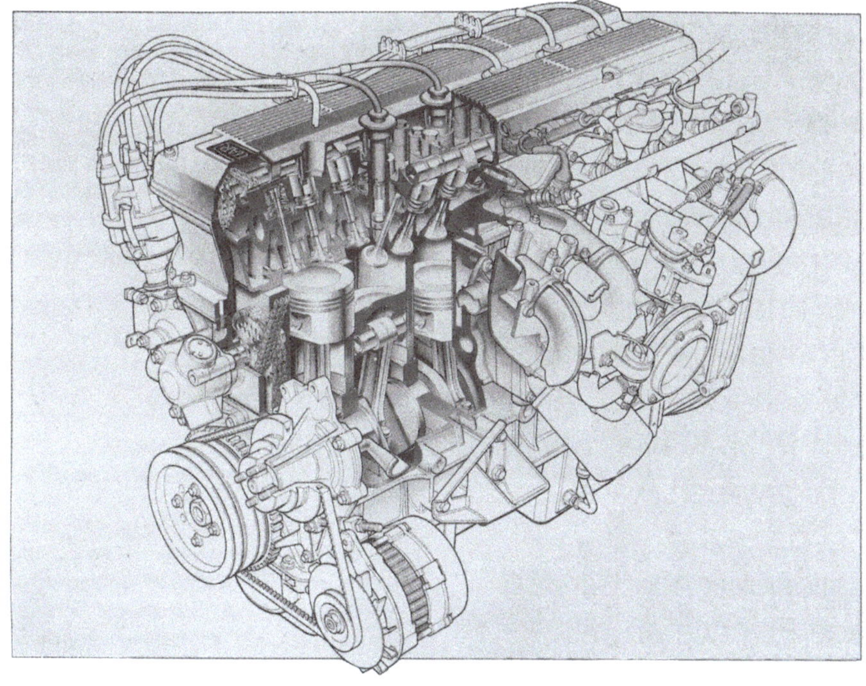

„Öl ist eben nur Öl", so hört man mitunter Der Grund dafür ist, daß bis vor nicht allzu langer Zeit die Ölqualität genaugenommen nicht sonderlich entscheidend war. In den letzten Jahren hat sich dies jedoch grundlegend geändert. Mit der Entwicklung der Motorentechnik und veränderten Nutzungsgewohnheiten von Fahrzeugen sind Schmieröle in den Mittelpunkt des Interesses gerückt. Die Zeiten sind im Umbruch: fast täglich werden technische Vorschriften geändert, und Neuentwicklungen können innerhalb kürzester Zeit veralten. In einem sehr kurzen Zeitraum wurde die Qualität von Schmierölen zu einer äußerst wichtigen Frage.

Die Firma Castrol war schon immer bestrebt, Händler wie auch Kunden mit mehr Informationen über Öle zu versorgen. Die Kenntnis der Schmierstoffe und Schmiervorgänge hilft, ein Gefühl für Qualität zu entwickeln und trägt somit zur Produktauswahl bei. Heutzutage ist die Auswahl des richtigen Produktes wichtiger denn je, will man Problemen aus dem Wege gehen. Dieser Lehrgang sollte als Teil der Bemühun-

Das Titelblatt zeigt den neuen V-12-Motor von BMW.

gen betrachtet werden, Informationen über Schmierstoffe und Motorentechnik ständig weiterzuverbreiten.

Dafür haben wir bei Castrol unsere guten Gründe.
Aus den Reaktionen auf unsere Ausbildungsveran-
staltungen wissen wir, daß es richtig ist, die Technik
der Motoren und der Öle miteinander zu verbinden.
Hinweise auf Informationsblättern, die wir von Autoherstellern und -importeuren erhielten sowie die vielen
wertvollen Beispiele praktischer Erfahrungen von
Händlern haben zu diesem Lehrmaterial beigetragen,
und wir sind allen für ihre Hilfe sehr dankbar. Besonderen Dank schulden wir Herrn P. N. Klaver, ohne
den das Erscheinen unmöglich gewesen wäre.

Durch Neuentwicklungen im öltechnischen Bereich
mußten schon zwei Jahre nach Erscheinen der ersten
Auflage in holländischer Sprache eine Reihe von
Punkten überarbeitet werden. In die vorliegende
deutsche Auflage wurden auch die jüngsten
geänderten Ölvorschriften aufgenommen, wodurch
diese genauso nützlich wie ihre Vorgängerin ist.
Unsere Erwartung ist, daß diesem Technischen Lehrgang in deutscher Sprache ebenso großer Erfolg wie
der holländischen Ausgabe beschieden sein wird.

Wir hoffen, mit diesem Lehrgang ein besseres Ver-
ständnis für das komplizierte Thema „Schmierung"
zu schaffen. Insbesondere erwarten wir, die allgemeine Erkenntnis zu vertiefen, daß Öl – ganz gleich was
es ist – nicht „eben nur Öl" ist.

1 Einleitung

In diesem Lehrmaterial soll hauptsächlich gezeigt werden, daß allein Öle höchster Qualität den Motor sauberhalten und Schmierprobleme verhindern können. Es werden Problembereiche behandelt und Empfehlungen gegeben, jedoch stets die praktischen Anwendungen im Auge behalten.

Es gibt viele Gründe dafür, weshalb technische Entwicklungen bei Motoren und Getrieben notwendigerweise spezialisierte Schmierstoffe hervorbrachten, und damit werden wir uns speziell befassen. Aber auch Leser, die nicht allzuviel über Schmierstoffe wissen, sollten keine Schwierigkeiten mit der Thematik haben, wird sie doch in recht elementarer Weise dargestellt. Wir brauchen uns hier damit auch nicht bis ins letzte Detail zu beschäftigen, denn es gibt eine Vielzahl ausgezeichneter Artikel für all diejenigen mit weitergehenden Interessen.

Die Anwendung von Spitzenölen hat nicht nur den Vorteil, Probleme zu vermeiden. Sie bringt auch enorme Nutzeffekte mit sich, z. B. eine längere Lebensdauer von Motoren, längere Abstände zwischen den Ölwechseln und einen geringeren Öl- und Kraftstoffverbrauch.

Um zu demonstrieren, weshalb die Öltechnik verbessert werden muß, werden zunächst neue Entwicklungen auf dem Gebiet der Motorenkonstruktion behandelt. Da Öle in Motoren und Getrieben wirken sollen, sind ihre steigende Komplexität und die anspruchsvolleren Bedingungen für ihren Einsatz natürlich von großer Bedeutung.

Es sollte betont werden, daß die hier behandelten Motoren in Personenkraftwagen und nicht in Nutzfahrzeugen zum Einsatz kommen, obwohl die Ähnlichkeiten dabei sehr groß sind. Mitunter wird aber auch auf die Motoren von Kraftädern eingegangen werden, da diese bei technischen Entwicklungen oft eine Vorreiterrolle spielen.

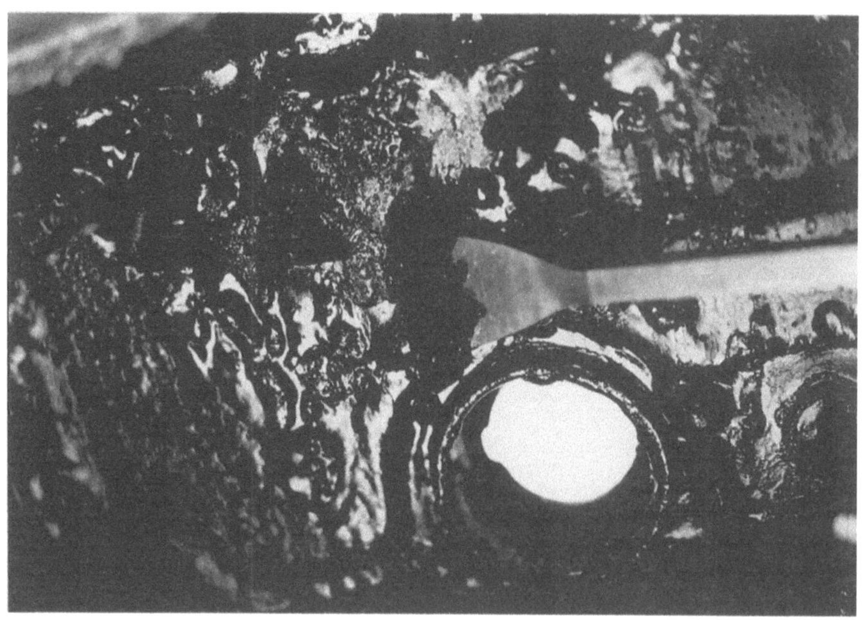

2 Moderne Motoren

2.1 Mehrventiltechnik

Von Per Gilbrand, dem Leiter der Motorenentwicklung bei SAAB, stammt der Satz: „Der Übergang von 2-Ventil- zu 4-Ventil-Zylinderköpfen entspricht dem Übergang von Motoren mit untengesteuerten zu obengesteuerten Ventilen." Gegenwärtig bieten fast alle Hersteller mindestens einen 4-Ventilkopf an, und manche stellen auschließlich diesen Typ her. Die Gründe für diese rasante Entwicklung liegen auf der Hand: mit dem 4-Ventilzylinder wird eine wirksamere Form der Brennkammer geschaffen, was seinerseits bedeutet, daß ein Motor einer bestimmten Größe ein höheres Drehmoment und eine höhere Leistung abgeben kann.

Die Mittelstellung der Zündkerze verbessert die Verbrennung, wodurch sich das Verdichtungsverhältnis erhöhen und folglich der Kraftstoffverbrauch verringern läßt.

Was die Schmierung betrifft, werfen Motoren mit obengesteuerten Ventilen weniger Probleme auf als obenliegende Nockenwellen. Das Öl benötigt bei einem Motor mit obenliegender Nockenwelle ja mehr Zeit, um alle beweglichen Teile zu erreichen, während eine Nockenwelle innerhalb des Motorgehäuses durch den kürzeren Ölweg direkt geschmiert wird und die Spritzschmierung schnell einsetzt.

2.1.1 Schnelle Ventilbewegung

Will man den Schadstoffausstoß verringern, so sollte die Ventilüberdeckung möglichst dadurch gering gehalten werden, daß sowohl Einlaß- als auch Auslaßventile sehr schnell arbeiten. Da bei 4- und 5-Ventilversionen die Ventile kleiner und leichter als bei solchen mit 2 oder 3 Ventilen sind, können sie sich schneller bewegen. Diese Verringerung der Ventilmasse dient nicht unbedingt zur Erhöhung der Motordrehzahl, sondern zur Verbesserung der Ventilöffnungsmerkmale.

2.1.2 Ventilführungsdichtung

Ein Schwerpunkt für die Schmierung sind die Dichtungen der Ventilführung in Motoren. Diese können unter Einwirkung bestimmter Motorenöl-Additive erhärten. Die damit verbundene geringere Abdichtung bedeutet, daß Öl mit in den Zylinder gesaugt werden kann. Damit erhöht sich der Ölverbrauch und die Umweltbelastung. Außerdem kommt es zu Ablagerungen auf der Ventilspindel, die eine freie Ventilbewegung mit der Folge einschränken, daß Ventile ausbrennen oder zu Bruch gehen.

2.1.3 Wettlauf um Höchstleistungen

Parallel zur Entwicklung der Mehrventilmotoren ist ein Wettkampf um höchste Motorenleistungen entbrannt. Heute leistet ein normal angesaugter Zweilitermotor mit vier Ventilen je Zylinder gut und gerne 110 kW, und mit Turbo etwa 150 kW. Wo die volle Leistung über längere Zeit abverlangt wird, etwa bei sehr schneller Fahrt oder im hügligen Gelände, kann die Öltemperatur stark steigen: Öl soll ja nicht nur schmieren, sondern auch kühlen. In den letzten Jahren konnten wir Leistungssteigerungen von bis zu 40% beobachten, wogegen die Ölmenge im wesentlichen gleich blieb. So kann es kaum

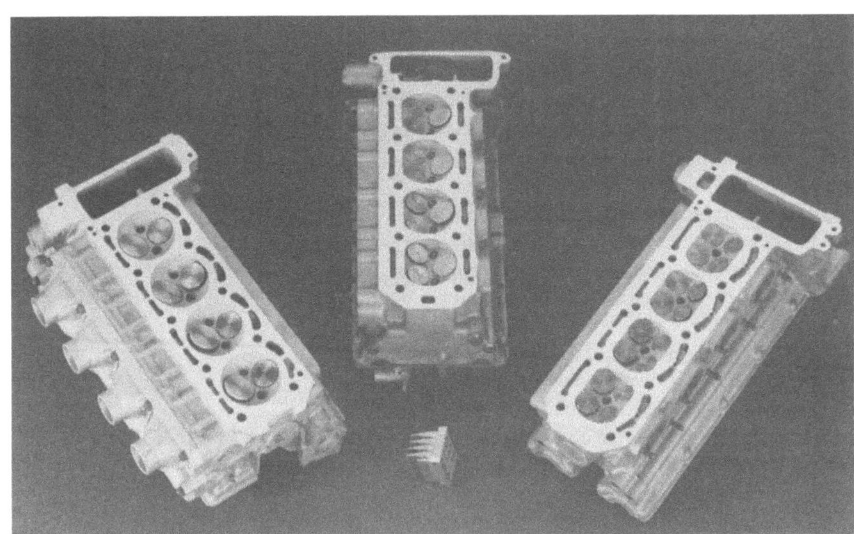

Bei Alfa-Romeo vollzog sich der Übergang zu vier Ventilen schrittweise. Der 2-Ventilmotor mit Doppelzündkerzen erreichte ein sehr hohes Drehmoment bei niedrigen Drehzahlen und hatte Membranen im Einlaß. Der Dreiventilkopf besaß eine größere Einlaßfläche, aber immer noch Doppelkerzen für eine gute Verbrennung. Bei der 4-Ventilversion konnte man schließlich zur konventionellen Anordnung mit einer Zündkerze in der Mitte zurückkehren.

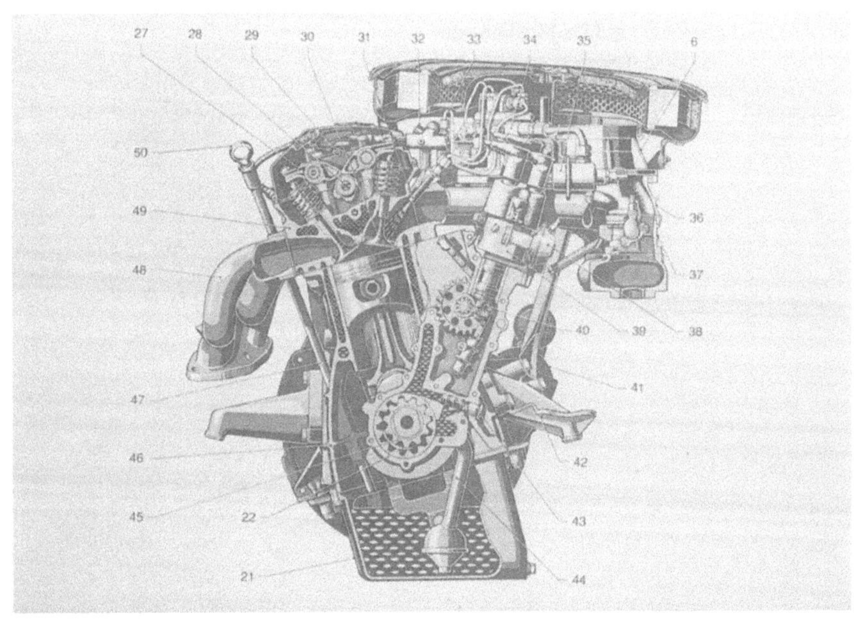

Viele Hersteller produzieren Motoren mit zwei Ventilen je Zylinder, wie das Beispiel des Mercedes 190E zeigt. Die V-förmige Ventilanordnung ist für die Ventilfläche und die Kerzenlage zwar günstig, aber natürlich ergeben 4-Ventilversionen wie beim 2,5-Liter-Motor mit 16 Ventilen noch bessere Ergebnisse. Die Zahlenangaben interessieren uns in diesem Zusammenhang nicht.

überraschen, daß die Öltemperaturen steigen. Viele Hersteller gehen davon aus, daß Höchstleistungen nur relativ kurzzeitig verlangt werden und bauen daher keine teuren Ölkühler ein. Immer häufiger stößt man allerdings auf einen Wärmetauscher am Ölfilter.

2.1.4 Schmierprobleme

Hersteller von Ölprodukten stehen einer Vielzahl von Problemen gegenüber, von denen einige aus widersprüchlichen Anforderungen herrühren. Um nach dem Start möglichst

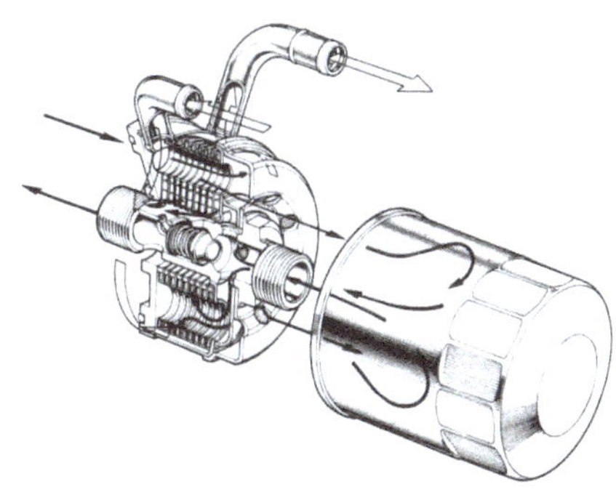

Das Kühlwasser erwärmt das Schmieröl nach dem Kaltstart und kühlt es, wenn die Öltemperatur ansteigt.

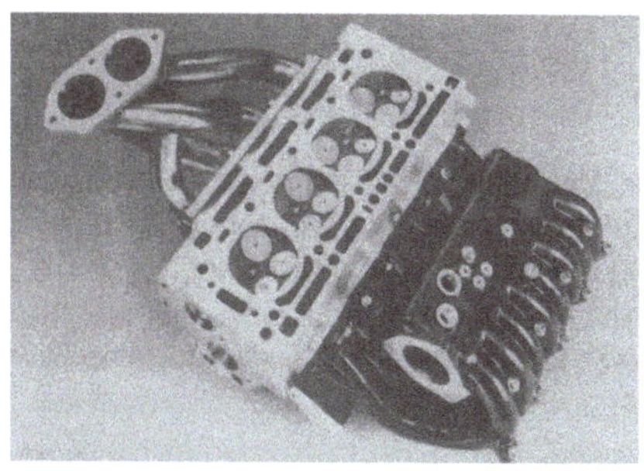

Während Honda den 3-Ventilkopf aufgab, kam von Renault diese Versuchsversion. Die zwei Einlaßventile ergeben den gleichen Durchfluß wie ein 4-Ventilkopf, und das einzelne große Auslaßventil bewältigt die Abgase eines Standardmotors, womit genügend Platz für die Zündkerze bleibt.

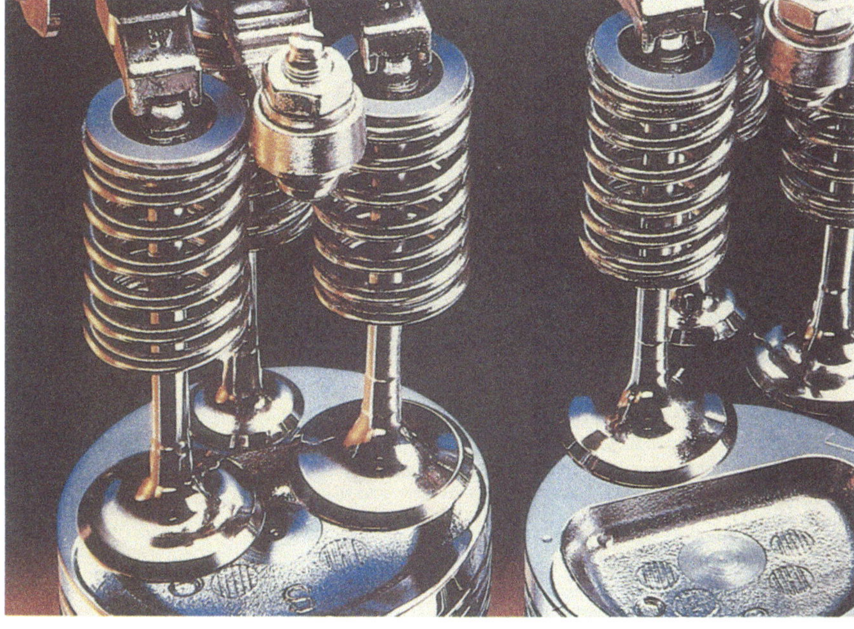

Mit Toyotas 3-Ventilkopf sollen starke Turbulenzen am Einlaß hervorgerufen werden. Das kleine Ventil öffnet später und schließt früher als das große Einlaßventil.

Honda setzt zwar immer noch 3-Ventilzylinder für einige Zweiradmotoren ein. 1988 aber startete man hier eine 4-Ventilversion des Triumph-Dolomite-Kopfes für Motoren von Personenwagen. Alle 16 Ventile werden von einer einzigen obenliegenden Nockenwelle betrieben, die Zündkerzen liegen zwischen dem Einlaßstößeln in der Mitte der Brennkammer. Um beim Start ausreichend zu schmieren, befindet sich Öl in tiefen Schalen unter den Nocken.

Eines der leistungsfähigsten 4-Ventilmodelle stammt von Opel. Es enthält keinerlei radikale Neuheiten, führt jedoch mit seinen schlanken Pleueln und den leichten, kaum 50 mm langen Kolben zu erstaunlichen Ergebnissen. Hier wird der 4-Ventilzylinder konsequent für die Erzielung hoher Drehmomente bei niedrigen Drehzahlen und für eine hohe Gesamtleistungsabgabe ausgenutzt.

schnell gut zu schmieren, muß z. B. das Öl dünn sein oder – technisch ausgedrückt – eine niedrige Viskosität haben. Andererseits verlangt eine gute Belastungsfähigkeit, besonders bei hohen Temperaturen, ein hochviskoses Öl. Vor allem gilt das für V-Motoren mit ihren hohen Beanspruchungen der Kurbelwelle und der Kurbelwellenlager der Pleuel infolge der entgegengesetzten Kraftausübung der Kolben.

Ein weiteres Beispiel sind Hydro-Stößel, die zur einfacheren Wartung eingesetzt werden. Hier muß das Öl gut reinigend und korrosionsverhütend wirken und mitgerissene Luft schnell wieder freisetzen.

Besonders stark sind die Beanspruchungen des großen Pleuelauges.

2.1.5 Die Zukunft

Die Mehrventiltechnik wird immer weiter vorangetrieben. Von Toyota wird sogar ein Magerverbrennungsmotor mit vier Ventilen je Zylinder produziert. Auf diese Art konnte man dort die Wirtschaftlichkeit der mageren Verbrennung mit der Leistungsfähigkeit eines Mehrventilkopfes kombinieren. Heutzutage gibt es Yamaha- und Mitsubishi-Motoren mit fünf Ventilen je Zylinder, letztere sogar in Massenproduktion. Von Honda stammt eine 8-Ventilversion mit ovalen Kolben. Auch solche Hersteller wie Audi zeigen an fünf Ventilen Interesse, und Maserati stellt seit geraumer Zeit Motoren mit 6-Ventilzylindern her.

Viertaktmotoren haben es in 500-ccm Rennmaschinen nicht leicht. Nach den Vorschriften dürfen höchstens vier Zylinder eingebaut werden, während Viertakter mindestens acht benötigen, um ausreichende Leistungen zu bringen. Hondas Tüftler schufen diese geniale Lösung mit ovalen Kolben und acht Ventilen je Zylinder.

Ein 5-Ventilkopf brachte Audi einen Drehzahlrekord ein, und auch bei Yamaha gibt man drei Einlaß- und zwei Auslaßventilen den Vorzug. Zu hören war sogar, daß unter anderem Yamaha beabsichtigt, einen 5-Ventil-V8-Motor für die Formel 1 einzusetzen. Ursprünglich besaß die Versuchsversion sieben Ventile und Doppelzündkerzen, erwies sich jedoch als zu kompliziert.
Der erste F1-Rennmotor von Jamaha war kein Erfolg.

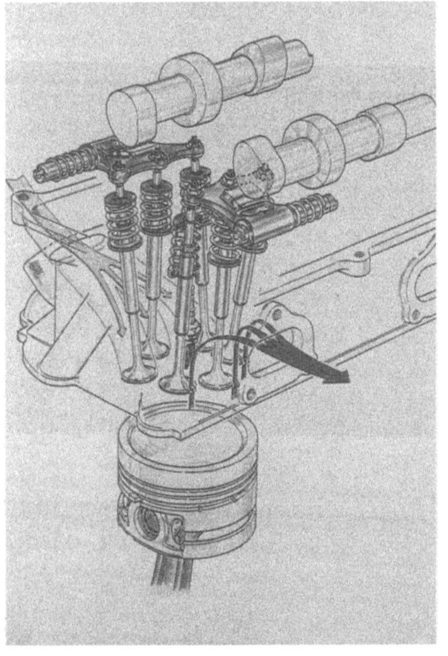

Schon vor einigen Jahren kam der Maserati Biturbo mit Doppelturbo V-6 heraus. Dieser Motor hat drei Ventile je Zylinder mit einzigartigen Lage- und Antriebsmerkmalen. Im Wettlauf um höhere Leistungen untersucht Maserati jetzt diesen 6-Zylinderkopf, zuvor in Dieselmotoren verwendet. Bisher wird er noch nicht produziert.

2.2 Mehrzylindermotoren

Nicht nur die Zahl der Ventile je Zylinder steigt, sondern auch die Zahl der Zylinder. Bis etwa 1983 waren in Europa 4-Zylindermotoren mit je zwei Ventilen und obenliegender Nockenwelle praktisch die Norm. Noch immer ist diese Anordnung attraktiv, eignet sich ihre Kompaktheit doch ausgezeichnet für die Quermontage in modernen frontgetriebenen Fahrzeugen. Dennoch: die magelnde Leichtgängigkeit bei niedrigen Drehzahlen und Schwingungen im oberen Bereich ließen einige Hersteller 6-Zylindermotoren entwickeln. Nicht ganz so verbreitet ist der Mittelweg, den solche Produzenten wie Mercedes, Audi und in jüngster Zeit Honda mit fünf Zylindern einschlugen.

2.2.1 Sechs und mehr

Da sich der 6-Zylinderreihenmotor nur schwer quer einbauen läßt, wurden V6-Versionen für diese Zwecke entwickelt. Nach ihrem Erfolg setzte die Entwicklung der V8-Motoren ein. Mit den alten amerikanischen V8-Motoren, deren

Der 3-Zylinder-Daihatsu-Motor wurde mit dem Grundgedanken konzipiert, einen zu geringen Zylinderhubraum zu vermeiden. Durch Einsatz eines Turbos und eines 4-Ventilkopfes konnten mit diesem Motor sehr hohe Leistungen erzielt werden.

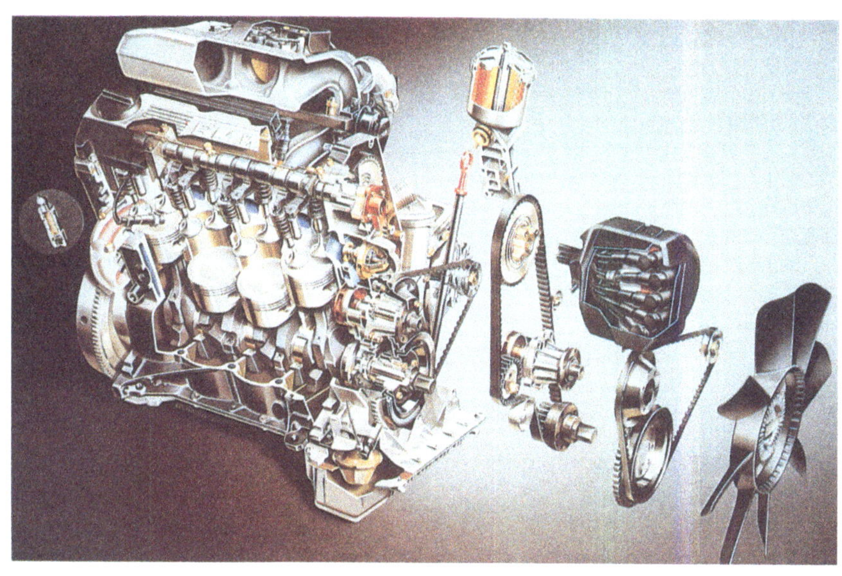

Beim neuen BMW-Motor stand die Gestaltung der Brennkammer im Vordergrund. Er hat vier Ventile, die so angeordnet sind, daß die Zündkerze mehr in die Mitte rückt. Der M3 hat vier Ventile je Zylinder, die anderen BMW-Maschinen sind jedoch konventionelle 2-Ventilversionen.

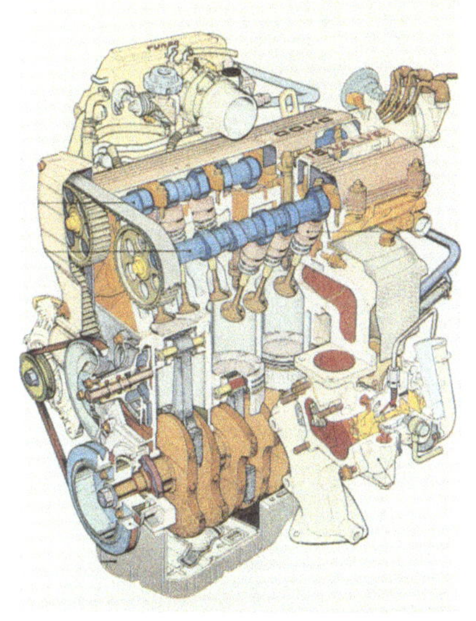

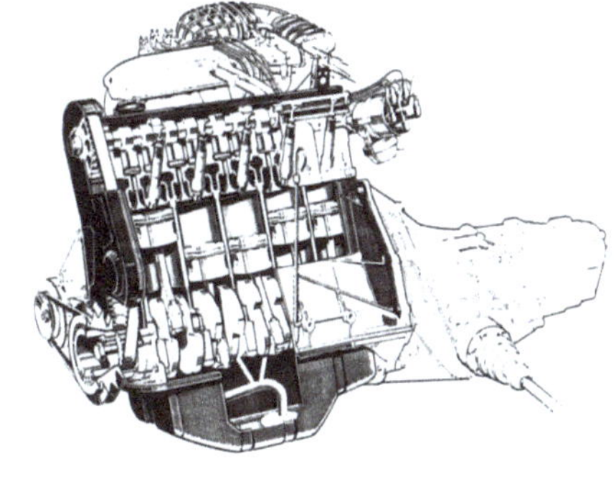

5-Zylindermotoren haben Audi, Honda und Mercedes gebaut. Bekannter wurde der Audi-Motor durch seine Erfolge im Rennsport. Der Grund für die 5 Zylinder von Audi ist, daß der längliche Motor keinen Frontantrieb mit sechs Zylindern zuläßt. Mit einem 4-Ventilkopf und einem extra Turbo erzeugt dieser Motor jedoch alles, was an Leistung benötigt wird.

Von Mazda wurde die 4-Zylinder-4-Ventilversion mit Turbolader für Straßen- wie auch für Rennwagen eingesetzt. Der Motor ist im Grunde konventionell, mit doppelter obenliegender Nockenwelle, Hydro-Stößeln und vier Ventilen je Zylinder. Den Turbolader gibt es als Extra.

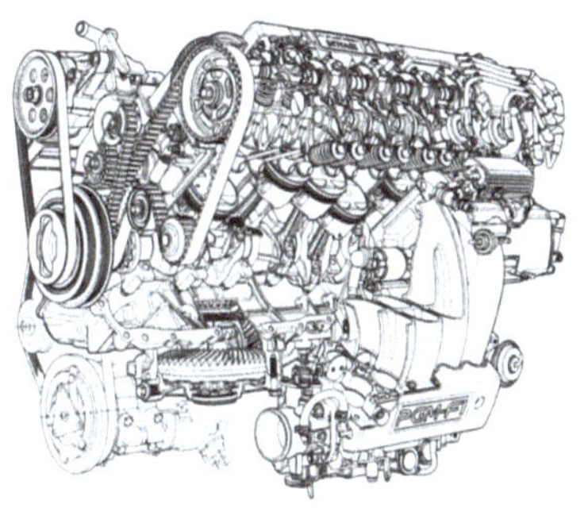

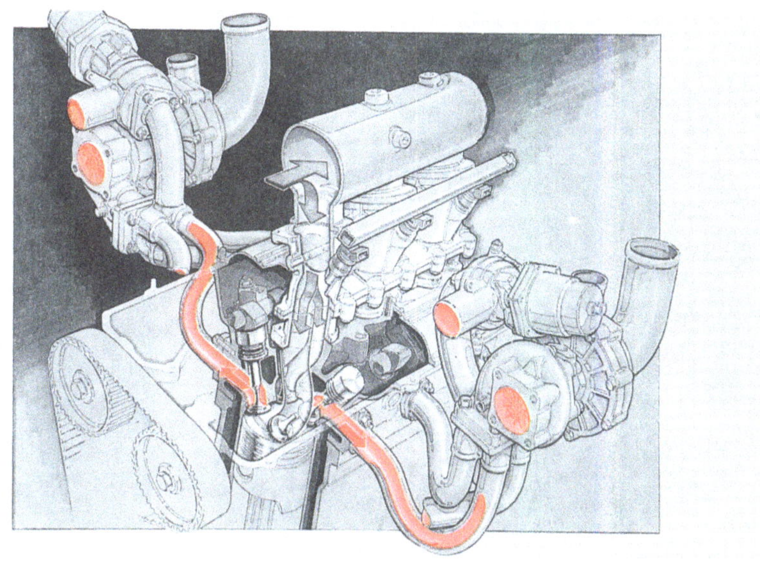

Der 5-Zylindermotor von Honda mit seinen 2 Litern ist in Längsrichtung eingebaut. Besonders interessant ist die Lage des Differentials.

Für ihre Originalität sind die Italiener bekannt, und dieser Rennmotor von Lancia unterstreicht dies mit seiner herrlich einfachen Art, Doppelturbos einzusetzen. Am Kopf mit seinen vier Ventilen sind Einlaß- und Auslaßventile paarweise diagonal gegenübergestellt, eine auch von BMW in der Formel 2 angewendete Kreuzform.

Nockenwelle mitten im Motor saß und deren Ventile durch Stoßstangen und Kipphebel betätigt wurden, haben diese Motoren kaum etwas gemein. Einige dieser neuen Motoren hatten Vorläufer in früheren Rennmotoren der Formel 1 mit doppelter obenliegender Nockenwelle und 4-Ventilzylindern. Und wem diese Konstruktionen noch nicht kompliziert genug sind: auch V10- und V12-Motoren drängen auf den Markt, und Cizeta arbeitet gegenwärtig sogar schon an einem V-16.

2.2.2 Die Zukunft

Mit Mehrzylindermotoren lassen sich sehr hohe Leistungsabgaben erzielen. Im Motorrennsport entwickeln sogar normal angesaugte Formel-1-Motoren wie die 3,5-Liter-V10-Motoren von Alfa Romeo, Renault und Honda mehr als 440 kW.

Freilich hat diese zusätzliche Leistung und die Kompliziertheit der Motoren ihren Preis, nämlich wesentlich höhere Anforderungen an das Schmiersystem und natürlich an die Schmierstoffe selbst.

2.3 Aufladung

Nichts ist wirklich neu: selbst Mehrventil- und Mehrzylindermotoren sind schon seit langem bekannt. Vor dem zweiten Weltkrieg gab es 16-Zylindermaschinen, und dies nicht nur im Rennsport. Die gefeierten Reihen-8er von Bugatti wurden mit drei oder vier Ventilen je

Zylinder ausgestattet. Und in Nobelkarossen war damals schon ein mechanisch betriebener Verdichter der Clou.

Man sollte nicht vergessen, daß es gar nicht so leicht ist, Luft aus der Atmosphäre in die Eingeweide des Motors zu leiten. Beim konventionellen Motor wird Luft durch die Kolbenbewegung angesaugt, was natürlich wesentlich einfacher ist als Luft von außen einzublasen. Damit wären wir beim Motor mit Ladegebläse, oder genauer: mit Aufladung.

Strenggenommen eignet sich die Aufladung eher für Diesel- als für Ottomotoren. Der Diesel kann unbegrenzt Luft verwenden und spritzt nur soviel Kraftstoff ein, wie für eine bestimmte Leistung notwendig ist. Überschüssige Luft dient zur Kühlung und verringert die Rauchentwicklung. Im Benzinmotor verursacht zu viel Luft dagegen Probleme, besonders wenn das

Gemisch warm ist. Die Verbrennung gerät außer Kontrolle, so daß das Gemisch explodiert, anstatt zu verbrennen, ein Vorgang, der wegen seines Geräusches gemeinhin als „Klopfen" bezeichnet wird. Dazu mehr in Abschnitt 6.3.8.

2.3.1 Turboladung

Erfolgt die Aufladung durch ein Gebläse, das von einer Abgasturbine getrieben wird, spricht man von der „Turboladung". Seit etwa 1980 ist dies die bekannteste Methode, die Motorleistung zu erhöhen. Allein das Wort „Turbo" hat sich heutzutage derartig durchgesetzt, daß man es im Zusammenhang mit Staubsaugern und sogar schon Computern zu hören bekommt.

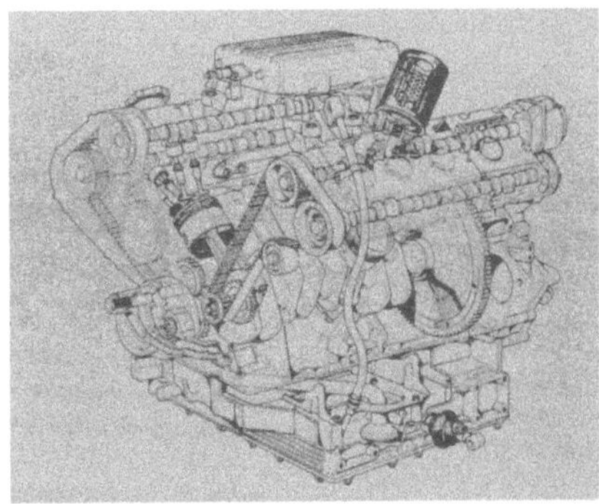

Ein Ferrari-Motor gehört einfach zu unseren Bildern dazu, auch wenn er nur acht Zylinder hat statt des berühmten 12-Zylinders. Im Lancia Thema findet sich eine Version dieses Motors, die dessen Leistung erheblich steigert. Natürlich waren V8-Motoren jahrelang US-Standard, aber diese Ferrari-Konstruktion ist völlig anders. Aber alles ist im Fluß: der Chevrolet Corvette hat jetzt einen Lotus V8-Motor, der dem Ferrari sehr ähnlich ist.

Dieser Toyota Camry-Motor entspringt direkt der Formel 1. Im Grunde handelt es sich um zwei 3-Zylindereinheiten, die eine einzelne Kurbelwelle bewegen und damit ein Triebwerk bilden, daß für die Quermontage ausreichend kompakt ist. Mit einem 6er Reihenmotor läßt sich dies nicht praktizieren, und mehrere andere Hersteller sind zu ähnlichen Schlüssen gelangt.

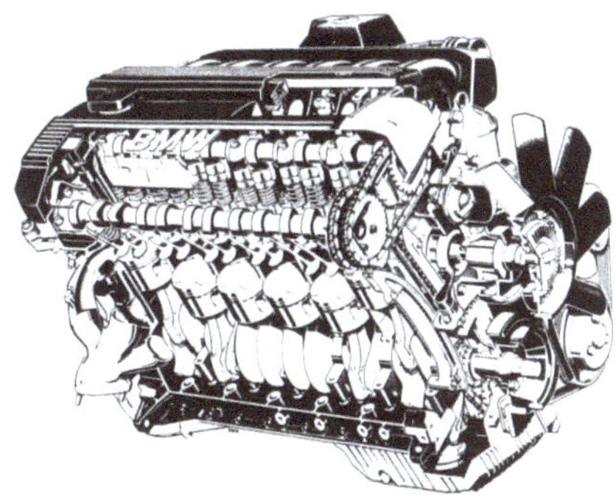

Der neueste 6-Zylinder von BMW, der M50, hat hydraulische Stößel. Interessant ist die kurze Nockenwellenkette.

V12-Motoren haben etwas Magisches. Schon immer wurden sie für ihre Leichtgängigkeit und Flexibilität bei allen Drehzahlen und Lasten gerühmt. Einst der Tummelplatz von Spezialherstellern wie Ferrari, Lamborghini und Jaguar, widmen sich ihnen jetzt auch ernsthaft andere Produzenten, einschließlich BMW.

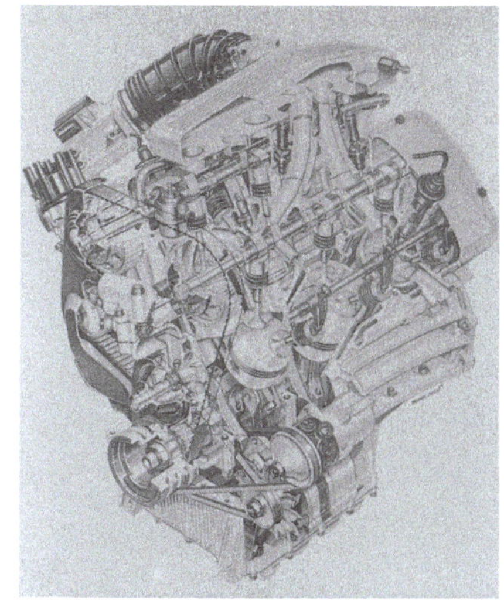

Recht ungewöhnlich ist dieser Alfa Romeo V6 mit je einer obenliegenden Nockenwelle für jede Zylinderreihe. Die Ventilbetätigung ist besonders interessant, mit Stößeln für die Einlaßventile sowie Stößeln, Kipphebeln und Stoßstangen für die Auslässe.

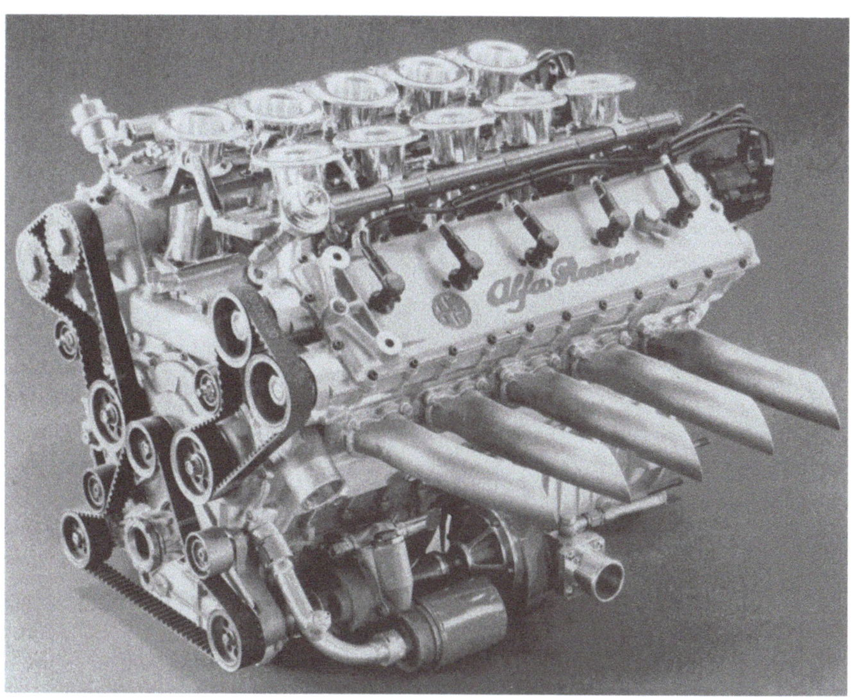

Die V10-Anordnung wurde früher nur in Dieselmotoren verwendet, von Alfa kommt jedoch seit kurzem dieser Benziner. Ursprünglich für die Formel 1 vorgesehen, wird es diesen Motor voraussichtlich in einer etwas zahmeren Version als Triebwerk für Nobelmodelle geben. Vorteilhaft beim V10 ist, daß er mehr Leistung als der V8 bringt, dabei aber kürzer als der V12 ist. Sein Auspuffklang entspricht etwa dem des 5-Zylinder-Audis, wobei die Tonlage ein wenig höher liegt.

Die Idee, Abgas für den Antrieb eines Turboaufladers einzusetzen, stammt von einem Schweizer Ingenieur namens Buchi, der damit nach dem ersten Weltkrieg hervortrat. Aber erst mit modernen Werkstoffen und einer zeitgemäßen Schmiertechnik konnte sich der Turbolader so stark verbreiten.

Problematisch beim Turbo ist sein „Nachhängen": das Laufrad benötigt eine gewisse Zeit, um auf Touren zu kommen, wodurch sich die Reaktion auf das Gaspedal verzögert. Andererseits sind sehr hohe Leistungen möglich: Formel-1-Motoren mit Turbolader können mit Wassereinspritzung und Kühlung der Ladeluft sage und schreibe 900kW entwickeln. Solche unglaublichen Leistungswerte konnten niemals mit einem nur 1,5-Liter großen Motor erzielt werden!

2.3.2 Auflader

Dem Turbolader ging ein „Auflader" zuvor, bei dem das Gebläse mechanisch vom Motor angetrieben wurde. Gegenwärtig erlebt diese „betagte" Technik so etwas wie ein Comeback in neuem Gewand. Ihr Hauptvorteil ist, daß dem Motor auch bei niedrigen Drehzahlen weiterhin Luft zugeführt wird. Damit läßt sich die Motor-

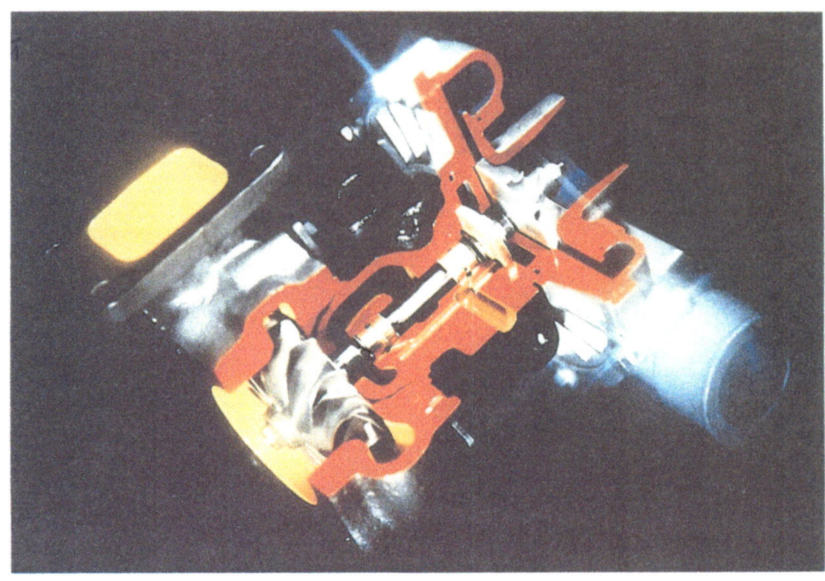

Das von Buchi erfundene Gerät zur Ausnutzung der Energie in Abgasen ist als Turbo bekannt, oder genauer als Abgasturbolader. Das Abgas strömt vom Äußeren des Turbinengehäuses nach innen und tritt in der Mitte aus. Der Verdichter sitzt auf derselben Welle und arbeitet in umgekehrter Richtung, um Luft zu verdichten, die dann dem Motoreinlaß über einen Kühler zugeführt wird. Wegen der hohen Abgastemperatur erwärmt sich das Öl zum Schmieren der Turbinenlager sehr stark, besonders dann, wenn der Motor nach schneller Fahrt sofort gestoppt wird.

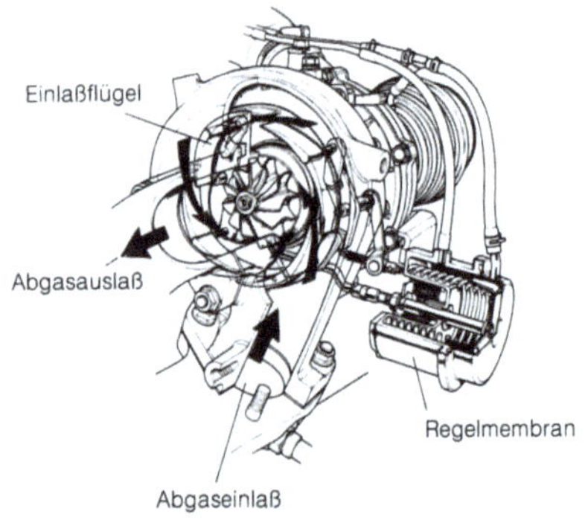

TURBO MIT VERSTELLBAREN EINLASS-SCHAUFELN

leistung im unteren Drehzahlbereich bedeutend erhöhen, was für derzeitige Fahrsituationen vielfach wünschenswert ist.

Die Vielzahl der heutigen Verdichterversionen zielt darauf ab, Masse, Größe und Kraftstoffverbrauch eines kleinen Motors gering zu halten und ihm gleichzeitig die Leistungsfähigkeit eines wesentlich größeren zu verleihen. So zeigt zum Beispiel der 1,8-Liter-Golf von Volkswagen mit G-Kompressor eine Leistungskurve, die der eines 2,5-Liter-V6-Motors entspricht, hat aber nach wie vor eine leichte und kompakte Bauweise.

2.3.3 Schmierung

Die Schmierung der Kurbelwellenlager in aufgeladenen Motoren ist wegen der hohen Drükke im Zylinder kompliziert. Bei hohen Temperaturen muß das Öl hochviskos bleiben, und das ist nicht einfach, weil die Kolbentemperaturen höher als normal sind und das Motorenöl ja zu ihrer Kühlung eingesetzt wird. Gleichzeitig muß das Öl bei dieser starken Hitze oxidationsbeständig bleiben, da Oxidation eine erhöhte Viskosität und Säurebildung hervorrufen kann.

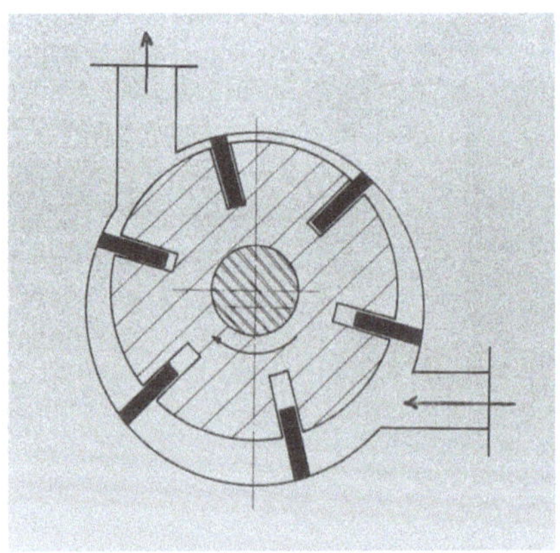

Die Flügelpumpe beruht darauf, daß sich der Raum zwischen Läufer und Leitrad bei Drehung des exzentrisch gelagerten Läufers verringert. Damit wird jeweils die Luft zwischen den Flügelpaaren komprimiert. Heute wird dieser Pumpentyp für Auflader nicht verwendet, aber man weiß von mehreren Firmen, besonders von Pierburg, daß Forschungen laufen.

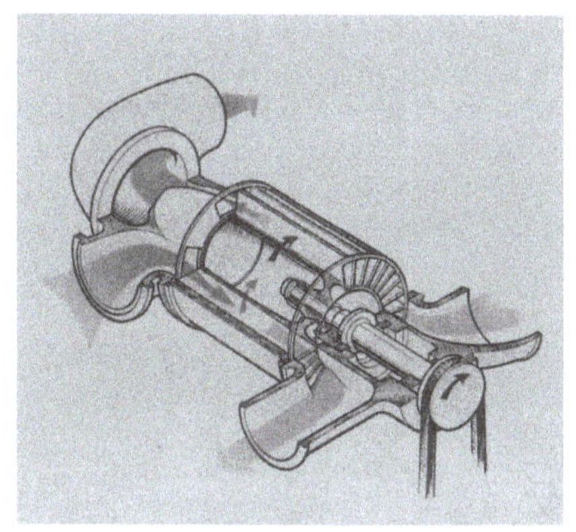

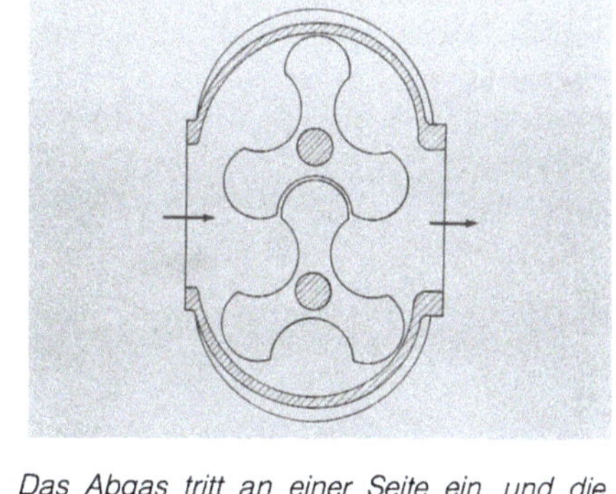

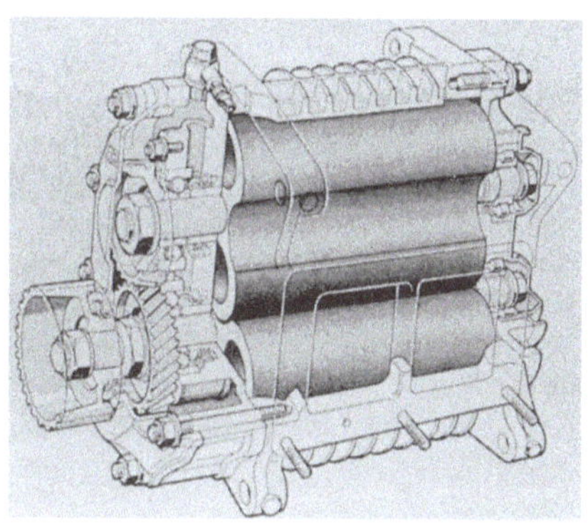

Das Prinzip des Druckwellenverdichters von Comprex ist nicht so leicht verständlich. Wir wollen ihn daher in zwei Stufen beschreiben. In diesem Bild ist er zunächst allgemein dargestellt. Er besteht aus einem von der Kurbelwelle mit bis zu 20.000 U/min angetriebenen Läufer. Der Läufer ist zylindrisch und hat axiale Flügel zwischen dem inneren und dem äußeren Mantel. Von Mazda wurden inzwischen alle Rechte erworben. Dort arbeitet man an einem freidrehenden Läufer.

Das Abgas tritt an einer Seite ein, und die Ladeluft an der anderen. Weil das Abgas einen höheren Druck hat, preßt es die Luft mit ihrem relativ niedrigen Druck gegen die andere Kammerseite, verdichtet sie dabei und treibt sie in das Einlaßsystem des Motors. Dabei verliert das Abgas seine Eigenenergie, und wenn es auf neue Einlaßluft trifft, ist sein Druck geringer. Also wird es von der Einlaßluft zurück durch die Kammer und in den Auspuffkanal getrieben. Anders gesagt, es bildet sich eine stehende Druckwelle, über die Energie direkt vom Auspuff auf die Einlaßluft übertragen wird.

Der erste Auflader wurde von den Gebrüdern Roots zu Beginn des Jahrhunderts gebaut, und wird allgemein als Roots-Gebläse bezeichnet. Ventile sind nicht erforderlich, und da ein großes Volumen bei einem niedrigen Druckverhältnis gefördert werden kann, läßt sich die Motorleistung in allen Drehzahlen stark erhöhen.

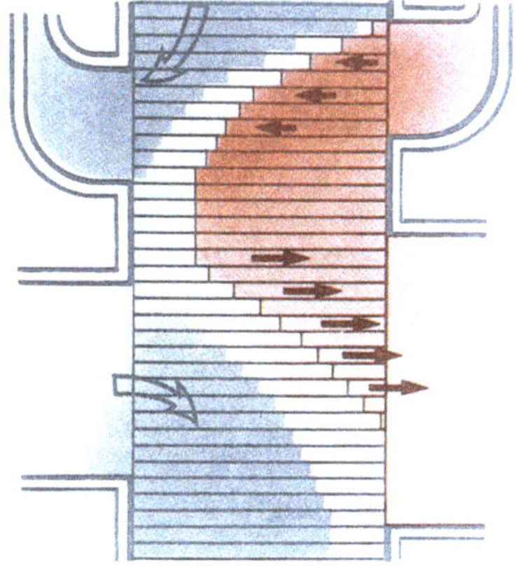

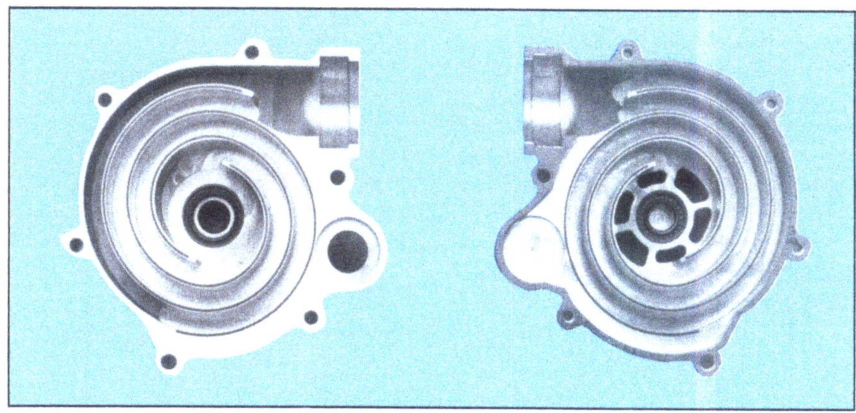

Die Läufer eines Roots-Gebläses besitzen zwei oder drei Kurven, die beim Drehen ineinandergreifen. Sie müssen daher absolut synchron laufen. Bei genau bearbeiteten Teilen ist dies kein Problem. Mitunter läßt sich das Ineinandergreifen mit einer weichen Plastikschicht auf den Kurven verbessern, so daß sich diese nach einer kurzen Einlaufzeit ineinanderarbeiten.

Schon 80 Jahre alt ist der Spiralverdichter, der von VW in den Polo- und Corrado-Modellen seit 1985 wiederbelebt wurde. Wie bei vielen alten Erfindungen ist es die moderne Technik, die ihnen einen neuen Aufschwung gibt, in diesem Fall neue Guß- und Bearbeitungsverfahren. Die Luft tritt am Umkreis ein und wird durch die Doppelspirale verdichtet, während sie zur Mitte gesaugt wird. Mit selbstschmierenden Werkstoffen wird der Gefahr vorgebeugt, daß Öl die Einlaßluft verschmutzt.

Im Turbo selbst darf das Öl wiederum nicht verkoken, da die Schmierung der Lager dadurch beeinträchtigen wird. Deshalb arbeiten viele Turbolader heute mit Wasserkühlung, damit die Öltemperaturen nicht über 300 °C ansteigen. Dieselmotoren kennen dieses Problem nicht, da ihre Auspufftemperaturen um etwa 200 °C niedriger als bei Ottomotoren liegen und selten 650 °C überschreiten.

Die Schmiersysteme für die Lager in den Verdichter- und Turboeinheiten sind häufig nicht besonders kompliziert, obwohl einige Motoren Elektropumpen haben, um nach dem Abschalten des Motors den Ölkreislauf durch den Turbolader aufrecht zu erhalten. Öl wird von der Ölpumpe unter Druck gefördert und fließt durch die Schwerkraft zurück.

2.4 Bestandteile des Motors

Wenn es einen Bereich gibt, in dem die Auswirkungen der modernen Technik wirklich ins Auge springen, sind es die Bestandteile der Motoren. Zwar haben wir schon festgestellt, daß viele der grundlegenden konstruktiven Ideen nicht neu sind, aber der Einsatz solcher Materialien wie Keramik und Plastik in Motoren ist ein Novum in hundert Jahren Automobilbau.

2.4.1 Keramikwerkstoffe

Vor nicht allzu langer Zeit galt der Isolator der Zündkerze als einziges Einsatzgebiet für Keramik in Verbrennungsmotoren. Heute denkt man schon an einem Motor, der in absehbarer Zeit hauptsächlich oder vollständig aus keramischen Werkstoffen produziert werden soll. So rasant schreitet die Konstruktion von Motoren und Teilen fort.

Keramikmaterialien werden jetzt vielfach als Paßflächen für Ventilstößel, Ablenkstücke und andere Bestandteile des Ventilmechanismus eingesetzt, bei denen Siliziumnitrid und andere ultraharte Werkstoffe bisherige Verschleißzeiten für Ventiltriebe ad absurdum führen. Das einzige Problem, der Abrieb der Nocken und anderer, auf keramischen Paßflächen aufliegender Metallteile, wird durch eine sorgfältige Oberflächenbearbeitung der Keramik während der Herstellung überwunden. In manchen Motoren finden sich heute keramische Ventilsitze, und bald wird es auch Keramikventile geben, was das Gewicht verringern und die Lebensdauer verlängern wird.

Als Zylinder- und Brennkammerbeschichtungen bietet sich Keramik eigentlich an, obwohl Versuche mit Dieselmotoren zur Wärmehaltung im Motor, anstatt sie über das Kühlsystem zu verlieren, allzu erfolgreich waren, die Parameter der Verbrennung änderten und den spezifischen Kraftstoffverbrauch tatsächlich senkten. Gegenwärtig geht man aber dazu über, Brennkammern und Einlaßkanäle teilweise zu beschichten, und in Japan untersucht man schon vollständige Zylinderauskleidungen. Bald wird es Beschichtungen für die Auslaßkanäle zur Wärmebindung für Turboladerantriebe geben, und in wenigen Jahren werden wir geklebte keramische Kolbenköpfe erleben. Mit all diesen Neuerungen werden sich Schmierstoffe und Schmiersysteme der Motoren verändern. Damit beschleunigt sich eigentlich nur die Entwicklung hin zu vollsythetischen Ölen für die hohen Temperaturen in dieser radikal neuen Motorenklasse, die praktisch nur auf den Startschuß wartet.

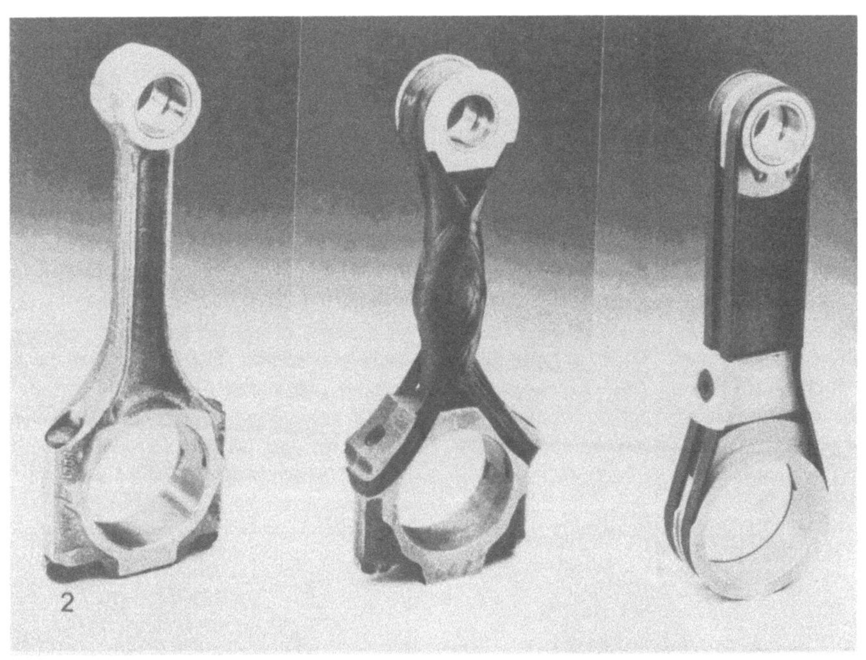

Die Versuche von Volkswagen mit Pleuelstangen aus Kohlenstoff-Fasern sind oben dargestellt. Links ist eine herkömmliche Metallstange, in der Mitte eine Zwischenlösung mit Fasergewebe, und rechts die endgültige Version, bei der die Fasern mit Stahlklammern gehalten werden.

Keramikmaterialien für Motorteile haben eine große Zukunft. Schon jetzt sind sie für Ventilführungen und -sitze und als Einsätze in Brennkammern und Auslaßkanälen weitverbreitet. In diesem Versuchsmotor von Renault sind die weißen Keramikteile deutlich sichtbar. Heute schon gibt es mehrere Motoren mit Einlaßwirbelkammern aus Keramik, um den Motor schneller auf Betriebstemperatur zu bringen. Manche Hersteller wie Porsche setzen keramische Auslaßkanäle ein, damit sich die Köpfe nicht verziehen.

2.4.2 Plastwerkstoffe

Der große Bereich synthetischer Materialien unter der allgemeinen Bezeichnung Plastik hat sich in den letzten Jahrzehnten schnell entwickelt. Bis vor kurzem konnten sie jedoch wegen ihrer schlechten Wärmebeständigkeit nicht in Motoren verwendet werden. Die Kunstharze in Verbundwerkstoffen halten nur Temperaturen bis etwa 250 °C aus, und die Faserverstärkung selbst ist lediglich zug- und druckfest. Biege- oder Scherkräften widersteht sie nur schlecht, und kann mit einer Schere zerschnitten werden.

Dennoch zieht das geringe Gewicht faserverstärkter Plastik nach wie vor das Interesse der Konstrukteure auf sich. Gegenwärtige Bemühungen laufen darauf hinaus, sie in Teile mit relativ niedrigen Temperaturen zu integrieren, z. B. in Pleuel. Ein weiterer Vorzug sind die ausgezeichneten Schmiereigenschaften von Verbundwerkstoffen; so lassen sich solche Pleuel in jedem Fall mit herkömmlichen Lagerschalen verwenden.

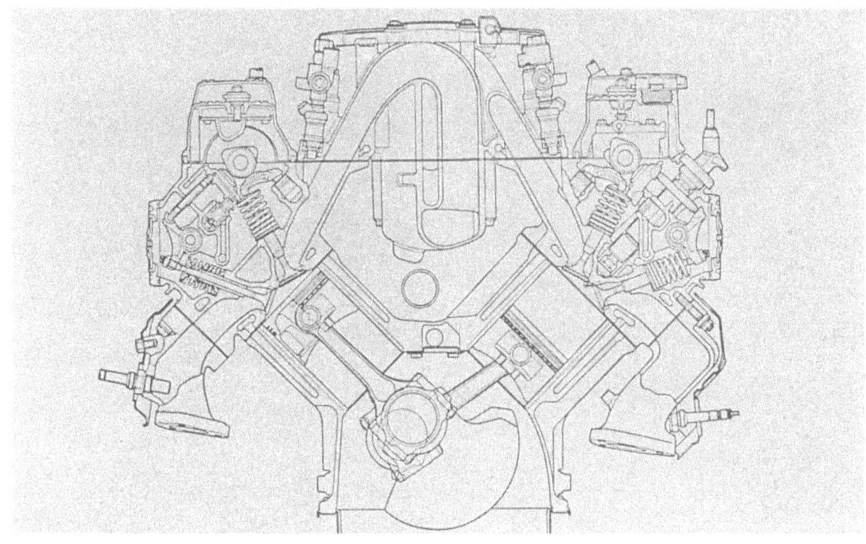

Einer der vielen interessanten Aspekte im Honda V6 ist der konstruktive Einsatz von nicht weniger als 24 Hydro-Kolben!

2.4.3 Hydro-Stößel und -Kolben

Der Unterschied zwischen diesen beiden Teilen besteht darin, daß Hydro-Stößel direkt von der Nockenwelle betrieben werden, Hydro-Kolben dagegen nicht. Erstmals wurden Hydro-Stößel vor etwa 50 Jahren verwendet, und noch immer findet man sie in relativ langsam laufenden amerikanischen 6- und 8-Zylindermaschinen. In modernen hochdrehenden Motoren bewegen sie sich nicht schnell genug und würden ab einer bestimmten Drehzahl das Ventil einfach offenlassen. Das ist an sich keine schlechte Drehzahlregelung, wäre da nicht die Tatsache, daß die Ventile bald ausbrennen oder mit dem Kolben in Berührung kommen würden.

Deshalb werden jetzt unbewegliche Hydro-Kolben eingesetzt, die mit der Nocke über einen Kipphebel oder Stempel Kontakt haben. Die meisten Motoren mit doppelter obenliegender Nockenwelle und 4-Ventilzylindern nutzen Hydro-Kolben, die aufgrund ihrer geringen Masse Motordrehzahlen bis 7000 U/min zulassen. In

Im neuen BMW V12 findet sich eine einzelne lange Steuerkette. Weil die Kette schmaler als ein Zahnriemen ist und innerhalb des Blocks angebracht werden könnte, ist der Motor wesentlich kürzer.

anderen Motoren sind Miniaturkolben in die Kipphebel selbst eingebaut und wirken auf die Ventilspindel.

Von manchen Herstellern werden Rückschlag-

Eine Nahaufnahme des Toyota Camry V6, den wir auf Seite 8 schon im ganzen gesehen haben. Hier übernimmt ein Zahnriemen den Antrieb beider Einlaßnockenwellen, die über Schrägräder mit den Auslaßnockenwellen gekoppelt sind. Eines der Zahnräder besteht aus zwei Teilen, die durch Federn zusammengehalten werden. Damit kann das gesamte Spiel zwischen den Zähnen aufgenommen werden.

ventile in Motoren eingesetzt, damit beim Stillstand des Motors das gesamte Öl im Zylinderkopf verbleibt. Auf diese Art dauert es beim Start nicht so lange, bis sich die Hydro-Stößel oder -kolben wieder mit Öl füllen und korrekt arbeiten. Das von trockenen Stößeln hervorgerufene Geräusch macht nicht nur nervös, es ist auch ein Hinweis auf den vorzeitigen Verschleiß von Motorteilen!

2.4.4 Kettentriebe

Momentan sind Steuerketten für den Nockenwellenantrieb neuer Motoren wieder einmal im Kommen, nachdem sie viele Jahre im Schatten der Zahnriemen standen. Kettentriebe sind

Die 4-Ventilkonstruktion von VW hat zwei Nockenwellen, die durch eine kurze Kette verbunden sind.

platzsparend, und ihre Lebensdauer kommt der des Motors gleich. Entscheidend dabei sind ausreichende Schmierung und richtige Spannung, wobei hydraulische Spanner mit mechanischen Anschlägen bevorzugt werden, da sie leichtgängig und leise arbeiten. Das eingesetzte Öl muß den Spanner sauberhalten und darf nicht mit den Kunststoffen der Führungen reagieren. Primär muß es jedoch die Kette vor mechanischem Verschleiß schützen und einen lärmdämpfenden Film zwischen den Kettengliedern und den Radzähnen bilden.

2.4.5 Kolben

Von der Kolbenmasse hängt viel ab. Mit einem leichteren Kolben sind leichtere Pleuel möglich. Mit leichteren Pleueln hat man eine leichtere Nockenwelle. Und mit einer leichteren Nockenwelle ergibt sich ein leichterer Motor und sogar ein leichteres Auto. Eine geringere Kolbenmasse verringert die Motorschwingungen. Außerdem wird die Motorreibung durch weniger und kleinere Kolbenringe reduziert. Moderne Motoren haben daher in der Regel kürzere Kolben und dünnere Ringe. In manchen Motoren ist der obere Verdichtungsring gerade 2 mm stark.

Im Trend liegen sogar nur zwei Ringe: ein Verdichtungsring und ein Ölabstreifring. Von Isuzu gibt es bereits einen Motor dieser Art. Das Hauptproblem sind die Geräusche und die Schmierung. Kurze Kolben neigen zum Schaukeln, und wegen der geringeren Abdichtung gelangt Öl leichter in den Brennraum. Zu Schmierproblemen kommt es, wenn wegen der

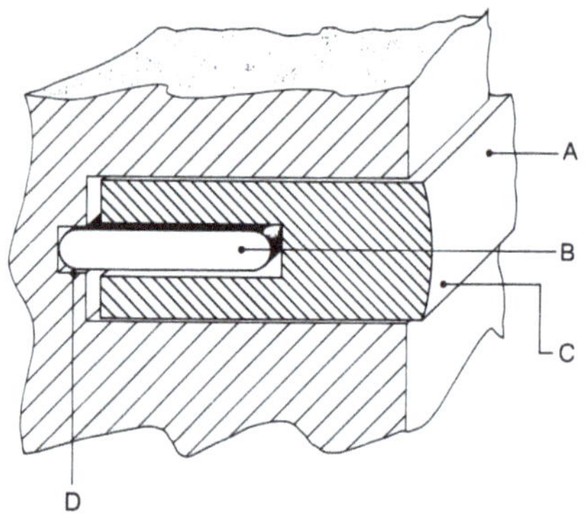

Verringert man die Zahl der Kolbenringe von drei auf zwei, können Kolben kleiner und leichter sein. Berichten zufolge befassen sich damit Volkswagen in Deutschland und Associated Engineering in Großbritannien.

hohen Leistung oder der oberen Ringlage die Temperaturen 250 °C erreichen. Bei diesem Wert beginnen Öle schlechterer Qualität zu zerfallen, und es bilden sich Harze, durch die die Ringe klebenbleiben und sich schließlich festfressen können. Daher ist die Ölqualität in diesen Motoren äußerst wichtig. Immer mehr Hersteller bestehen darauf, nur Spitzenöle zu verwenden. Zu diesem Thema mehr im Abschnitt 4.

2.4.6 Ausgleichwellen

Mit leichteren Motoren werden auch zunehmend Ausgleichwellen eingesetzt. Bei 2- und 3-Zylindermotoren rotieren sie in der Regel mit der gleichen Drehzahl wie die Kurbelwelle, um den Schwingungen aus der exzentrischen Form entgegenzuwirken. Das zu Beginn des Jahrhunderts von Lancester entworfene Ausgleichsystem für 4-Zylindermotoren besteht aus zwei gegenläufig rotierenden Wellen, die sich mit doppelter Kurbelwellendrehzahl drehen. Von Mitsubishi stammt eine moderne Variante für 4-Zylindermotoren: eine Welle liegt ober-

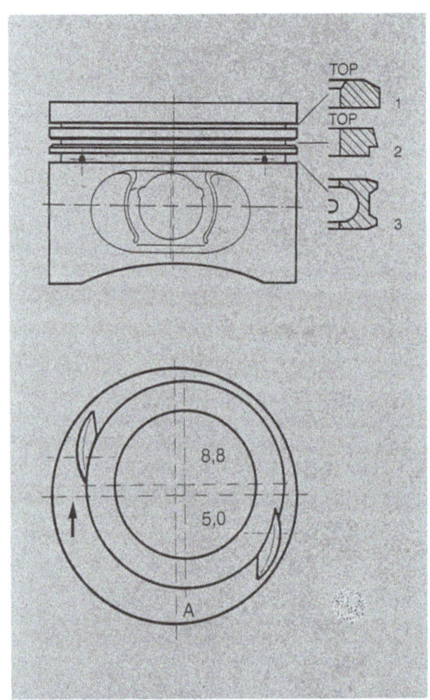

Der BMW V12 hat sehr kleine und leichte Kolben, der Ölabstreifring ist nur 3,00 mm stark, der Verdichtungsring nur 1,75 mm.

Die 1988er 4-Zylindermotoren von Volvo enthalten zwei Ausgleichwellen, die mit der doppelten Drehzahl der Kurbelwelle drehen.

halb, die andere unterhalb des Motors, um die Schwingungen noch weiter zu verringern. Neben Porsche, Lancia und Volvo setzen auch Saab und Honda Ausgleichswellen ein.
Kritisch ist die Ölversorgung der Lager und Antriebsketten dieser Wellen, besonders beim Kaltstart. Fahrer mit Bleifuß bringen einen kalten Motor gleich nach dem Start oft bis auf 3000 U/min, was bedeutet, daß die Ausgleichwellen mit 6000 U/min drehen müssen! Gelangt das Öl nicht schnell genug an die Lager, so wird deren Lebensdauer nur kurz sein.

2.4.7 Ventildeaktivierung

Mitsubishi entwickelte ein System mit einem kleinen Einlaßventil für normale oder geringe Leistungen und einem größeren Ventil, das von einem Prozessor bei höheren Leistungen zugeschaltet wird. Mit dem kleineren Ventil wird außerdem die Geschwindigkeit und Turbulenz des Gemischs erhöht, was zu einer besseren Verbrennung und zur Kraftstoffeinsparung führt. Bei höheren Leistungsanforderungen öffnet ein Magnetventil, und der Druck des Motorenöls betätigt einen auf einem Kipphebel angebrachten Kolben, der seinerseits auf die Spindel des größeren Ventils wirkt. Dabei ist natürlich die Sauberkeit des Öls entscheidend, da durch jede eingeschränkte Ölversorgung das Ventilspiel auf fünf oder sechs Millimeter ansteigen könnte. Dann vom „Klappern" der

Diese komplizierte Version einer Ventildeaktivierung wird am Einlaß der Starion-Motoren von Mitsubishi seit 1984 eingesetzt.

Stößel zu sprechen, wäre eine glatte Untertreibung!
Von Honda kommt ein ähnliches System für Motoren von Zweiradfahrzeugen. Hier schaltet ein zusätzliches Ventil für Ein- und Auslaß bei Drehzahlen über 8500 U/min zu. Weitere Systeme mit Ventildeaktivierung sind uns nicht bekannt. Was für Japan gilt, muß nicht unbedingt anderswo zutreffen, besonders da die Verkehrsbedingungen sehr unterschiedlich sind. Das betrifft vor allem Westeuropa, wo Fahrzeuge härter gefahren werden und mit höheren Öltemperaturen laufen. Dies bedeutet wiederum, daß das Öl schneller oxidiert und damit viskoser und saurer wird. Und wieder einmal stellen wir fest, daß nur ein Öl höchster Qualität Störungen zwischen den Ölwechseln verhindern kann.

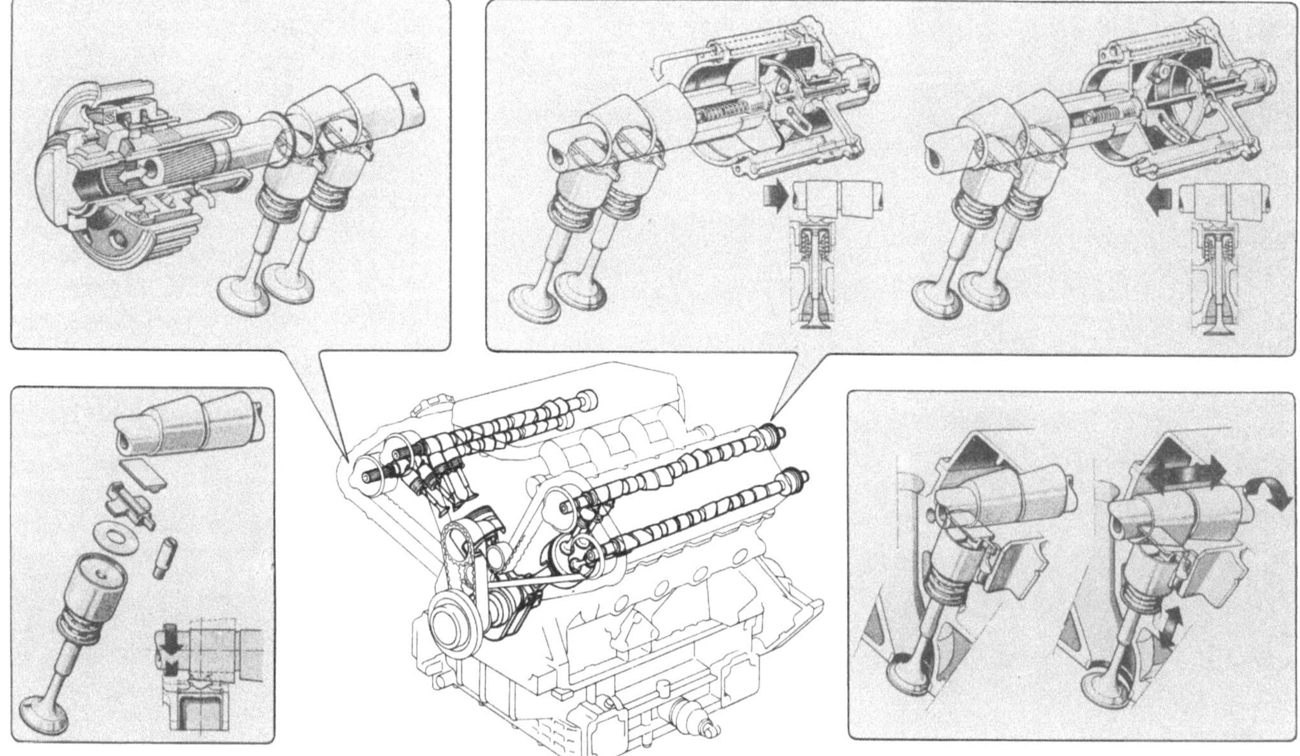

Seit Jahren gibt es Ideen für eine variable Ventileinstellung. Aber erst durch moderne Bearbeitungstechniken war Fiat in der Lage, ein funktionsfähiges System mit konisch geschliffenen Nocken zu schaffen.

2.4.8 Variable Ventileinstellung

Entwicklungen lassen sich nicht aufhalten. Nachdem Alfa die einstellbare Nockenwelle eingeführt hatte, wollten andere nachziehen, und zwar nicht nur mit einer variablen Ventileinstellung, sondern auch mit einem variablen Hub. Aller Voraussicht nach wird dabei ein V-8 mit nicht weniger als vier Nockenwellen und 32 Ventilen herauskommen! Auf den ersten Blick ein Unding, aber mit Rechnersteuerung ist alles möglich, selbst ein variabler Ventilhub. Ohne Frage bestehen hier gute Aussichten, den Kraftstoffverbrauch zu senken und die Leistung bei niedrigen Drehzahlen zu erhöhen.

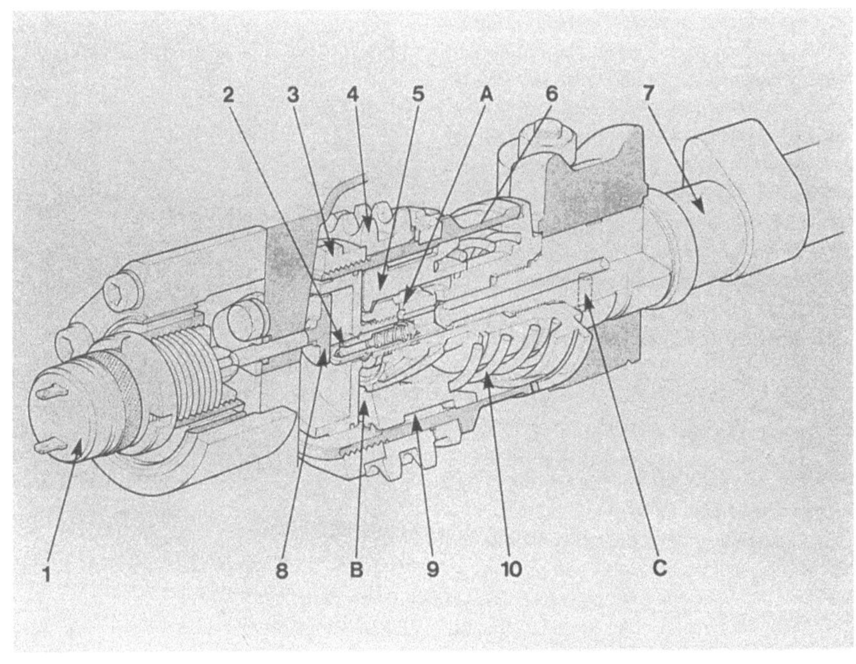

1989 brachte Honda dieses Gerät zur variablen Ventileinstellung auf den Markt. Abhängig von Last, Drehzahl und Temperatur des Motors kann das Ventil entweder von einer der beiden kleinen Kurven oder der einzelnen großen betätigt werden.

Ähnliche Ergebnisse lassen sich mit manchen hydromechanischen Systemen erzielen, die allerdings – besonders was die Schmierung betrifft – sehr kompliziert sind. Nockenwellen wurden mit konischen Kurvenformen hergestellt, die jedoch die Teile des Ventiltriebs mechanisch zu stark beanspruchen. Bei einem solch komplizierten System ist die Sauberkeit von größter Bedeutung.

2.4.9 Variable Kompression

Jüngste Entwicklungen im Bereich der Motoren führten zu variablen Verdichtungsverhältnissen. Bei Mercedes Benz werden dazu einstellbare Kolben und bei Volkswagen ein variables Zylindervolumen durch verstellbare Steuerkolben im Zylinderkopf eingesetzt. Vorteilhaft kann eine variable Kompression sowohl für Otto- als auch für Dieselmotoren sein.

Diesel mit Turbolader benötigen für einen besseren Start ein hohes Verdichtungsverhältnis, laufen dagegen bei hoher Leistung vorteilhafter mit einer geringeren Kompression. Bei Ottomotoren läßt sich die Teillastleistung und die Wirtschaftlichkeit erhöhen, indem man das Verdichtungsverhältnis so sehr steigert, daß es fast zur Explosion kommt. Die Konstruktion mit verstellbaren Kolben funktioniert, wird aber noch nicht produziert. Schwierigkeiten ergeben sich für die Schmierung, weil der Öldruck am Boden des Kolbens auch bei einem kalten Motor notwendig ist. Aus dem gleichen Grund wird das Öl sehr heiß, wenn der Motor einmal läuft, was ausgezeichnete oxidationshemmende Eigenschaften erfordert. Angesichts dieser rasanten Entwicklungen darf sich kein Ölhersteller auf alten Lorbeeren ausruhen!

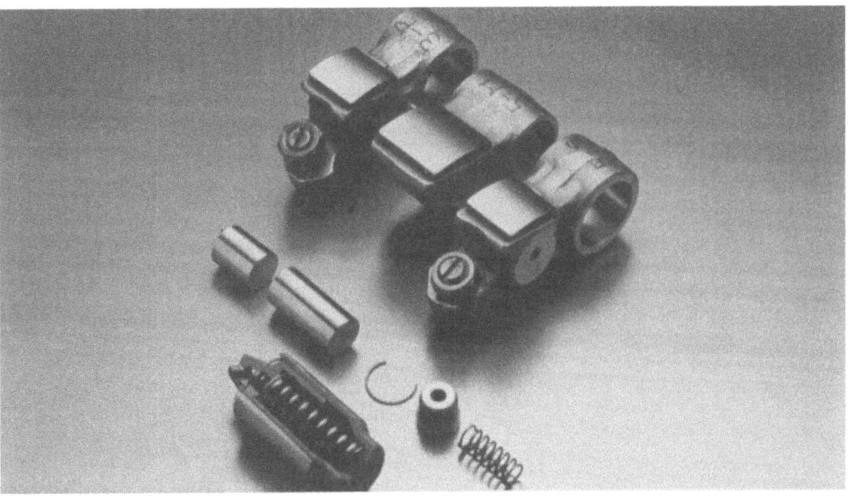

Verstellbare Nockenwellen sollen Spitzenresultate auf zweierlei Weise bringen: höchste Leistungen auf der einen und geringe Emissionen im unteren Drehzahlbereich und einen niedrigen Verbrauch auf der anderen Seite. Diese Skizze eines Alfa Romeo vermittelt eine Vorstellung von der komplizierten Bauweise.

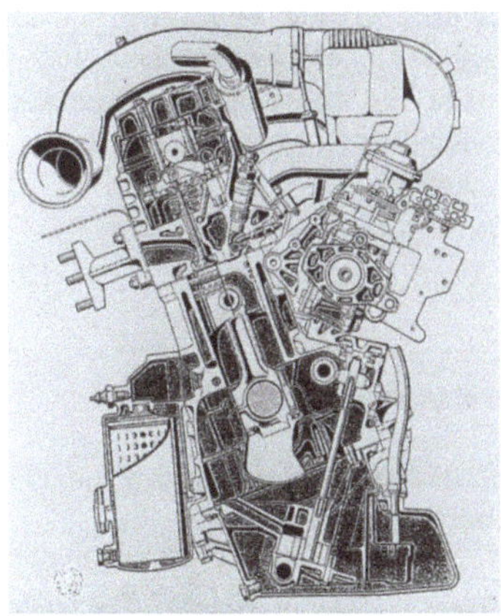

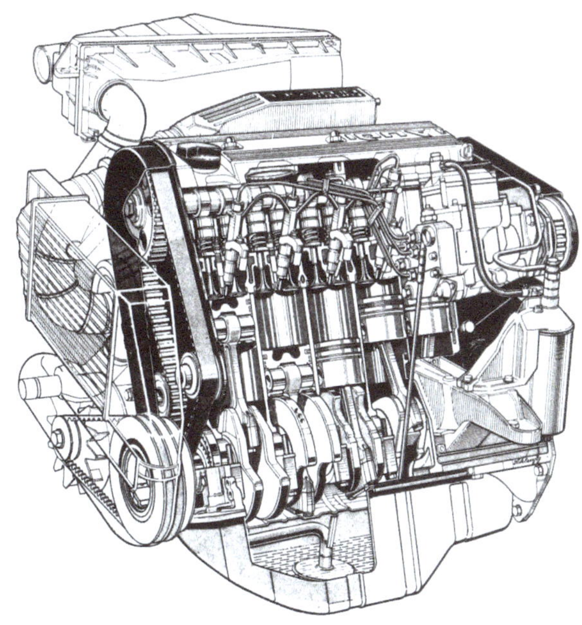

Der 6-Zylinderdiesel von BMW ist genauso leichtgängig wie die Benzinmotoren dieses Herstellers. Vor dem oben gezeigten normal angesaugten Motor gab es schon eine Turboversion. Gezeigt wird ein Diesel mit indirekter Einspritzung. Ein Hauptproblem bei diesem Motortyp, besonders mit Turbolader, ist die Schmierung der oberen Kolbenringe. Die Temperaturen in der Kolbenringnut sind so hoch, daß dort sitzendes Öl verdickt oder verkokt. Damit kann der Ring in der Nut klebenbleiben, was zu Kompressionsverlust und erhöhtem Ölverbrauch führt.

Der 5-Zylinderdiesel mit Direkteinspritzung von Audi ist ungewöhnlich. Der Motor hat wie die meisten Pkw-Diesel eine Verteilereinspritzpumpe, die eher wie ein Zündverteiler eines Ottomotors aussieht. Sie wird von einem breiten Zahnriemen angetrieben, der auch die Nockenwelle und die Hilfswelle antreibt.

2.5 Dieselmotoren

Im Unterschied zu Ottomotoren erfolgt beim Diesel eine Kompressions- und keine Funkenzündung. Diese beiden Motoren beruhen auf den theoretischen Wärmezyklen, die von den deutschen Ingenieuren Rudolf Diesel (1858–1913) und Nikolaus Otto (1832–1891) erarbeitet wurden und deren Namen sie tragen. In Dieselmotoren wird der Kraftstoff eingespritzt und nicht von einem Vergaser zerstäubt. Dabei gibt es zwei Haupttypen entsprechend der Art der Einspritzung. Beide Typen werden in Personenwagen eingesetzt und unterscheiden sich im wesentlichen durch die Gestaltung der Brennkammer. Bei der direkten Einspritzung verbrennt der Kraftstoff im Zylinder, während Motoren mit indirekter Einspritzung eine Vorkammer haben, in der die Verbrennung einsetzt.

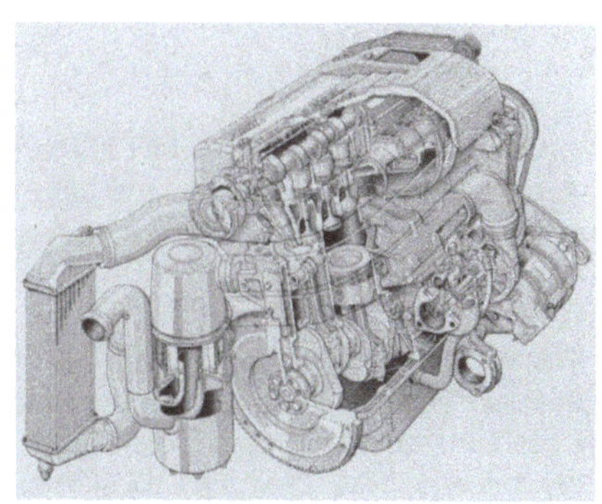

Seit 1987 stattet VW seine Transportermodelle mit dieser neuen Version des berühmten direkt eingespritzten VW-Diesels aus. In der Schnittansicht sind Wirbelkammer, Düse und Glühkerze deutlich sichtbar. Beachten Sie die parallelen Ventile, die fast die Kolben berühren!

Diesel mit Direkteinspritzung gehen jetzt in die Produktion. Von Fiat stammte dieser Erstling, und der Prima von Austin-Rover folgte kurz darauf. Auch bei Audi findet sich ein Diesel mit direkter Einspritzung.

2.5.1 Intervalle für den Ölwechsel

Bei diesen Motortypen stoßen wir auf völlig unterschiedliche Anforderungen an die Schmierung. Motoren mit indirekter Einspritzung erzeugen viel mehr Kohlenstoff, der das Öl schneller verdicken läßt, was zu Problemen beim Start und bei der Anfangsschmierung führt. Daher dürfen die empfohlenen Abstände für den Ölwechsel nicht überschritten werden, da Kohlenstoffteilchen aus der Suspension austreten, den Ölsaugkorb zusetzen und zu Motorschäden führen können.

2.5.2 Verschleiß der Nockenwelle

Auch Diesel mit obenliegender Nockenwelle können durch Kohlenstoffteilchen verschleißen, da verschleißmindernde Additive den Kohlenstoff nur in Suspension halten. Mehr zu Problemen von Verschleiß und Verschmutzung im Abschnitt 6.

2.5.3 Abgasemissionen

Solange wie der Gesetzgeber den Feststoffausstoß – das ist der technische Begriff für die schwarzen Schwaden oder den Ruß aus dem

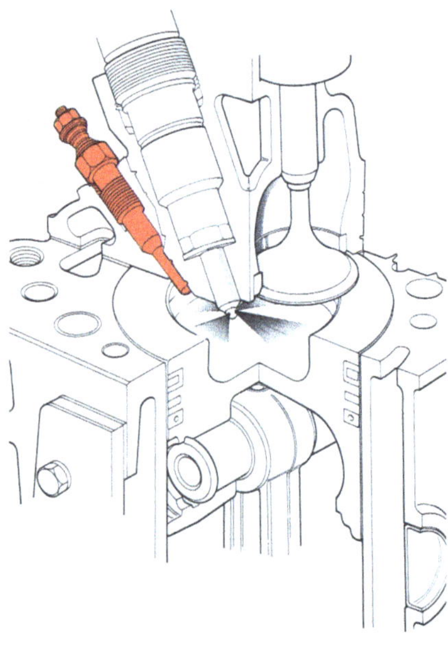

Im direkt eingespritzten Diesel des Fiat Croma liegt die Glühkerze unmittelbar unter der Einspritzdüse und arbeitet nur bei sehr niedrigen Temperaturen.

Auspuff – nicht zu streng handhabt, wird es auch weiterhin einen Markt für die neueren Diesel mit direkter Einspritzung geben. Von Fiat kam der erste dieser DI-Motoren (DI = Direkteinspritzung) für Personenwagen. Kurz darauf folgte Austin Rover, und andere Hersteller wie Audi schlossen sich bald an. Feststoffe sind die einzigen Emissionen, bei denen der Diesel wesentlich schlechter als der Benziner abschneidet.

2.5.4 Aufladung

Dieselmotoren eignen sich für alle Arten von Aufladung, und die meisten Diesel in Nutzfahrzeugen sind heute mit Turbos, oft auch mit einem Zwischenkühler ausgestattet. In Personenwagen waren Turbos bisher oft zu teuer, obwohl sich das ändert. Für Dieselmotoren selbst werden wegen der engeren Herstellungstoleranzen und der zusätzlichen Einspritzung insgesamt höhere Kosten fällig.

Um aber mit kleinen Dieseln vernünftige Leistungen zu erzielen, ist ein Turbo nahezu unabdingbar. Dieselmotoren brauchen mehr Luft, um eine bestimmte Kraftstoffmenge zu verbrennen. Folglich ermöglichen Turboeinheiten, indem sie größere Luftmengen liefern, eine höhere Leistungsabgabe von kleineren Motoren.

2.5.5 Höhere Motordrehzahlen

Die Leistung von Dieselmotoren läßt sich auch durch höhere Motordrehzahlen steigern. Heute erreichen kleinere Diesel mit direkter Einspritzung mehr als 5000 U/min, was einige Schmierprobleme aufwirft. Die Ventile müssen sich genau und schnell bewegen, um während der Überdeckung (d.h. wenn Einlaß- und Auslaßventil geöffnet sind) nicht mit dem Kolben in Berührung zu kommen.

Wegen der hohen Beanspruchung des Ventilmechanismus stellen hohe Drehzahlen auch Anforderungen an die Ölqualität. Da hohe Drehzahlen immer mit hohen Temperaturen einhergehen, verringert sich die Viskosität, der Ölfilm zerfällt und der Motor verschleißt schneller. Daher haben europäische Fahrzeughersteller spezielle Vorschriften für die Ölqualität von hochlaufenden Dieselmotoren mit indirekter Einspritzung erarbeitet.

Diesel mit direkter Einspritzung drehen langsamer, womit die Anforderungen an die Schmie-

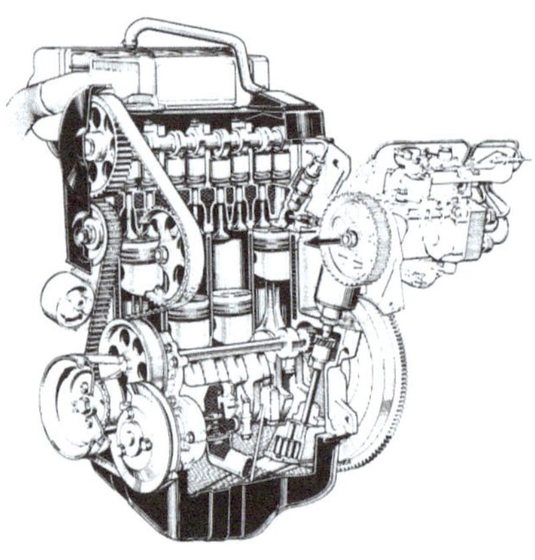

Der bekannte 1,6-Liter-Diesel von VW-Audi mit indirekter Einspritzung.
Audi 80 1,6-l-Dieselmotor, 40 kW (54 PS)

rung nicht so hoch sind. Wenn sich aber die Abstände für den Ölwechsel bis auf 15–20.000 km oder ein Jahr verlängern, werden auch hier Öle höherer Qualität benötigt (siehe auch Abschnitt 4).

Literaturübersicht

AMT 43 (1983) 12: Mehrventilmotoren im Vormarsch.

PT/Werkzeugbau 39 (1984) 2: Die Mehrventilmotoren.

AMT 44 (1984) 9: Die Entwicklung von Dreiventilmotoren.

PT/Werkzeugbau 40 (1985) 1: Moderne Drei- und Fünfventilmotoren.

PT/Werkzeugbau 40 (1985) 4: Entwicklung von Dreiventilmotoren.

AMT 45 (1985) 7: Ein neuer Dreiventilmotor.

AMT 48 (1988) 5: Magermotor geht einer ungewissen Zukunft entgegen.

AMT 45 (1985) 12: Turbos: Wartung und sorgsame Verwendung verlängern die Lebensdauer.

AMT 48 (1988) 6: Verdichter als interessante Alternative zu Turbos.

AMT 44 (1984) 7: Der Keramikmotor braucht noch seine Zeit.

AMT 44 (1985) 8: Der Kunststoffmotor – eine Utopie?

PT/Werkzeugbau 39 (1984) 10: Adiabatische Dieselmotoren holen auf.

PT/Werkzeugbau 40 (1985) 12: Zwei Kolbenringe statt drei.

AMT 48 (1988) 4: Schnellaufende DI-Diesel lassen noch auf sich warten.

AMT 48 (1988) 9: Also doch: der erste DI-Diesel für Pkw ist da!

AMT 49 (1989) 6: Moderne Kolben.

AMT 49 (1989) 12: Hondas F₁-Technik.

AMT 50 (1990) 1: Nockenwellenverschleiß.

AMT 50 (1990) 3: DI-Diesel.

AMT 50 (1990) 4: VW-Turbodiesel.

AMT 50 (1990) 8: Hondas VTEC.

3 Schmierung

Mit besseren Motorkonstruktionen wird die Schmierung immer wichtiger. Heutzutage haben Motoren eine spezifische erwartete Lebensdauer und sind entsprechend dimensioniert. Die Stärke der Zylinderwände und -köpfe wurde soweit verringert, daß schon beim Anheben einer Ecke ohne Unterstützung des Blocks Zylinder meßbar verformt werden können! Nur wenn der Motor vollständig montiert ist, ist der Block ausreichend steif, um Beanspruchungen während des Betriebs zu widerstehen. Auch die Kolben sind heutzutage kürzer und leichter, mit dünneren Kolbenringen, schlankeren Pleueln und Kolbenbolzen und kleineren Lagern. Damit steigt die Last auf alle Teile, womit sich die Öltemperatur erhöht, was besonders für die Lager und die oberen Kolbenringnuten gilt.

3.1 Weniger Kraftstoff, mehr Leistung

3.1.1 Mit weniger Öl zu mehr Leistung

Mit weniger Öl im Sumpf würde sich das Ölvolumen verringern, und die Betriebstemperaturen ließen sich schneller erreichen. Das ist wichtig, denn kaltes Öl mit seiner höheren Viskosität muß mit mehr Energie durch das System gepumpt werden, was wiederum einen erhöhten Kraftstoffverbrauch nach sich zieht. Ideal wäre, wenn diese Temperaturen knapp über 100 °C lägen, um Kondensation zu verhindern und Kraftstoff- oder Wasseranteile zu verdampfen, die hinter die Kolbenringe gelangt sind.

Steigende Leistungen der modernen Motoren ließen das Volumen des Ölsumpfes weitgehend unberührt. Der Vorteil beim Start kann bei hohen Beanspruchungen in einen Nachteil umschlagen, wenn nämlich die Temperaturen im Sumpf bis auf 130 °C ansteigen, wobei auch schon eine Rekordmarke von 170 °C gemessen wurde. Bei dieser Hitze werden an Schmieröle extreme Anforderungen gestellt, denen wir uns im Abschnitt 4 näher widmen werden.

3.1.2 Weniger Öl im Kreislauf

Der Kraftstoffverbrauch läßt sich senken, wenn man die mechanischen Verluste im Motor verringert. Dazu kann man z. B. die Menge des umlaufenden Öls herabsetzen. Bei höchster Drehzahl muß die Ölpumpe das gesamte Motorenöl im Sumpf pro Minute einige Male durchpumpen, um die Lager und Kolben ausreichend zu kühlen. Dafür benötigt sie ungefähr 3 bis 5 kW. Die meiste Zeit aber läuft der Motor unterhalb der Höchstleistung, und es

wird daher unnötig viel Öl umgewälzt. Deshalb untersuchen Konstrukteure Möglichkeiten, den Ölfluß besser mit dem Kühlbedarf in Einklang zu bringen. Dann wären die Öltemperaturen konstanter, und die Verschmutzung von Wasser und Kraftstoff ließe sich viel leichter vermeiden. Gleichzeitig aber stiegen die Anforderungen an die Beständigkeit der Öle gegen Oxidation und Wärme. Besonders wichtig ist dieser Punkt, wenn Intervalle für Ölwechsel über die heute üblichen 20.000 km oder 12 Monate hinausgeschoben werden.

3.1.3 Verrringerung des Ölflusses

Am einfachsten kann der Ölfluß verringert werden, indem die um den Motor fließende Ölmenge dadurch neu bestimmt wird, daß einige Ölleitungen enger werden. Zum Beispiel fließt zum Zylinderkopf meist mehr Öl als wirklich notwendig ist. So kann dort die Ölleitung auf 1,5 bis 2 mm Durchmesser reduziert werden. Wenn das Öl jedoch kalt ist, wäre der Fluß möglicherweise zu stark verringert, und die ankommende Ölmenge wäre zu gering. Dies kann zu ernsten Problemen für die Schmierung des Ventiltriebs führen, besonders jener Teile, die von der Einlaßölleitung am weitesten entfernt liegen.

3.1.4 Nockenprofile

Zur Verbesserung des Leerlaufs haben moderne Motoren eine geringe Ventilüberdeckung, was bedeutet, daß sich die Ventile selbst sehr schnell bewegen müssen, sollen Probleme vermieden werden. Damit muß der Druck der Ventilfedern höher sein. Um die Entlüftung bei hohen Tourenzahlen zu verbessern, müssen die Ventile weiter öffnen, und so müssen die Nockenprofile steiler sein. Beides verursacht eine höhere Beanspruchung der Teile des Ventiltriebs. Damit wiederum ergeben sich höhere Anforderungen an die Öle und Additive, die gegen zu hohen Ventiltriebverschleiß eingesetzt werden.

3.2 Höhere Komplexität

Wie wir im Abschnitt 2 sahen, werden Motoren ständig komplizierter. Sie enthalten nicht nur mehr Zylinder und mehr Ventile je Zylinder, auch der Ventilbetrieb und die Steuervorgänge selbst sind immer komplexer. Und auch zukünftig setzt sich dies fort, mit variabler Ventileinstellung und sogar pneumatischen Ventilen, die auf der Bildfläche erscheinen. Diese letzte Erfindung wurde von Renault versuchsweise schon mal in Formel-1-Motoren eingesetzt, und

den Berichten zufolge läßt sich die Motordrehzahl stark erhöhen.

In den folgenden Abschnitten werden weitere neue Entwicklungen beschrieben, bei denen die Ansprüche an Schmierstoffe und Schmiersysteme zunehmend klarer werden.

3.3 Öl als Bestandteil des Motors

Seit moderne Motoren so hohe Anforderungen an die Schmierung stellen, ist die Zeit vorbei, da man alle Öle als gleichwertig betrachten konnte. Genaugenommen muß Öl jetzt als wesentlicher Teil des Motors angesehen werden, der wie jeder andere Bestandteil konstruiert ist. Wenn man Kolben, Ventile oder Lager gezielt auswählen muß, weshalb dann nicht auch Öle? Heutige Hochleistungsöle werden nach technischen Normen hergestellt, die nicht weniger streng als die für andere Motorenteile sind, und sie müssen perfekt in allen Motortypen wirken. Ein schlechtes Öl zu verwenden, hieße die Panne vorzuprogrammieren. Das Öl ist aber dazu da, Pannen zu vermeiden und sollte daher nie das schwächste Glied der Kette sein.

Nur jene Hersteller, die dafür sorgen, daß ihre Motorenöle die Qualitätsvorschriften mehr als nur erfüllen, können künftig Produkte bereitstellen, mit denen die Motoren der Zukunft – und auch der Gegenwart – problemlos laufen.

3.4 Der Ölkreislauf

Aus dem Ölsumpf gelangt das Öl über einen Siebfilter in die Pumpe, von der es unter Druck über den Hauptölfilter zur Hauptölleitung gefördert wird. Von dort aus fließt das Öl über Ölleitungen zum Zylinderkopf und den Hauptlagern der Nockenwelle, von denen es zu den Kurbelwellenlagern der Pleuelstangen und mitunter auch zu den Kolbenbolzenlagern gepreßt wird.

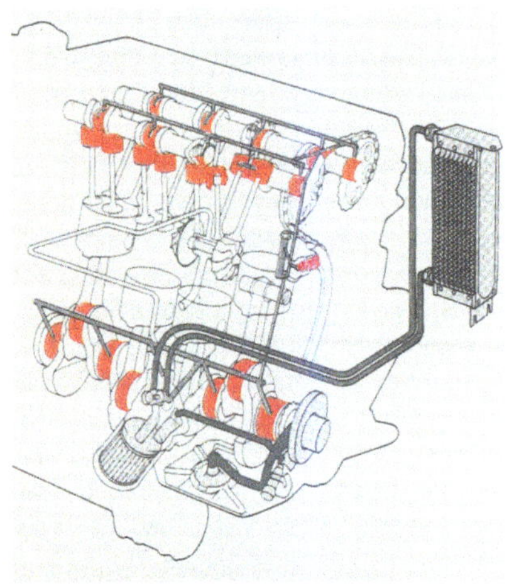

Der SAAB 9000 Motor hat einen Ölkühler und einen hydraulischen Kettenspanner. Jedes Hydro-Stößelpaar hat seine eigene Ölversorgung, und die Lager des Turboladers werden von der Hauptölleitung geschmiert.

Bei Motoren mit obengesteuerten Ventilen befindet sich die Nockenwelle im Motorblock und wird direkt als Teil des Hauptschmierkreises geschmiert. Das gilt auch für Motoren mit obenliegender Nockenwelle, aber die Ölleitungen sind verhältnismäßig länger, womit die Schmierung komplizierter wird.

3.4.1 Schmierung der Nockenwelle

Wegen der relativ komplizierten Schmierung von obenliegenden Nockenwellen kommen immer wieder neue Ideen zu diesem Thema auf, und mitunter scheint es, als wollten die Hersteller mit jedem neuen Motor eine neue Variante dazu anbieten.

Zwei wesentliche Problembereiche gibt es. Da ist erstens der Kaltstart, wenn das Öl dick ist und Zeit braucht, alle Teile des Zylinderkopfes zu erreichen. Bevor das Öl zur Nockenwelle gelangt, können schon Hunderte Umdrehungen der Nockenwelle und Tausende Ventilhübe vergangen sein. Daher sehen einige Konstrukteure für die Nockenwelle ein Ölbad vor, so daß zu keinem Zeitpunkt Teile des Ventiltriebs völlig ohne Schmierung sind. Negativ wirkt sich dabei aus, daß das Öl im Ölbad der extremen Hitze nach Abschalten des Motors ausgesetzt sein kann.

Das zweite Problem entsteht, wenn der Motor warm ist. Ist die Leerlaufdrehzahl zu gering, kann der Öldruck soweit abfallen, daß die Teile des Ventilmechanismus trocken bleiben. Da bei diesen hohen Temperaturen das Öl schon dünner geworden ist, besteht eine reale Gefahr, daß der Film zerfällt und Schäden am Ventiltrieb entstehen. Besonders hoch ist dieses Risiko bei dünnflüssigen Ölen und Temperaturen über etwa 150 °C.

Um den Verschleiß unter diesen beiden Extrembedingungen möglichst gering zu halten, werden Spezialöle mit einem breiten Viskositätsbereich produziert und während der Herstellung mit besonderen chemischen Additiven vermischt.

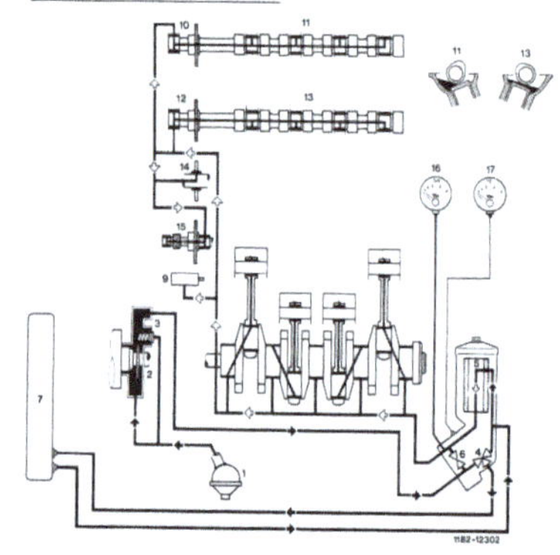

Mit großem Zeitaufwand wurde der Ölkreislauf im Motor des Mercedes 190E gestaltet. Ein Ölbad unter jeder Nocke gewährleistet eine gute Schmierung beim Start. Es gibt einen Ölkühler mit Thermostatregelung, und selbst die Kolbenbolzen haben ihre eigene Druckölschmierung.

1. Ölsaugkorb
2. Ölpumpe
3. Ölüberdruckventil
4. Thermostat (110 °C im Ölfiltergehäuse)
5. Filtereinsatz
6. Umgehungsventil Ölfiltereinsatz
7. Ölkühler
9. Kettenspanner
10. Nockenwellenrad-Auslaß
11. Nockenwelle-Auslaß
12. Nockenwellenrad-Einlaß
13. Nockenwelle-Einlaß
14. Umlenkrad
15. Zwischenradwelle
16. Öldruckanzeige
17. Öltemperaturanzeige

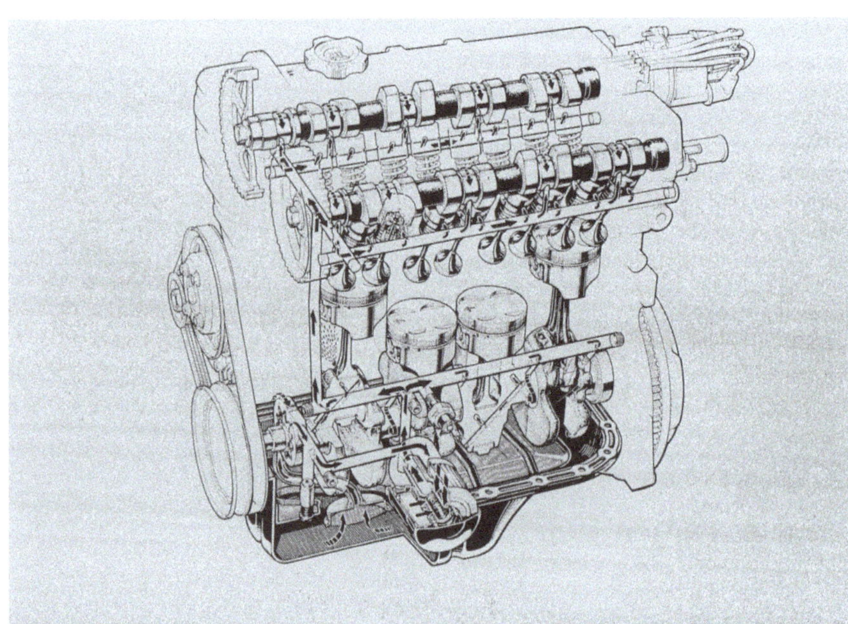

Diese Darstellung des Ölkreislaufs in einem Suzuki-Motor zeigt den Ölfluß von der Pumpe nahe der Nockenwelle über das Überdruckventil und durch den Filter (im Schnitt an der Seite des Blocks gezeigt). Sie zeigt auch, wie die Zylinderwände mit Öl geschmiert werden, das von den Pleueln hochgeschleudert wird und wie weit die hintersten Stößel vom Hauptölsystem entfernt sind.

3.4.2 Einzigartige Forschungen

Um genau festzustellen, wie das Schmiersystem beim Start wirkt, wurden von Castrol in Zusammenarbeit mit Rolls-Royce und dem englischen Kernforschungszentrum Harwell eine Reihe einzigartiger Forschungsarbeiten durchgeführt. Jahrelang wurden mehrere Motoren mit Neutronenstrahlen regelrecht „geröntgt".

Interessanterweise kann mit dieser Technik ein völlig unveränderter Standardmotor untersucht werden, und doch sieht man den Ölfluß problemlos auf einem Bildschirm. Die Ergebnisse waren ziemlich überraschend: es dauerte viel länger als zuvor angenommen, bis das Öl alle Teile des Ventiltriebs erreicht hatte. In manchen Motoren vergingen sogar mehrere Minuten, bis der Ölkreislauf vollständig gefüllt war, und das bei Raumtemperatur!

Man untersuchte auch die Folgen geringerer Temperaturen, wiederum mit alarmierenden Ergebnissen. Ein 4-Zylindermotor eines Zweirads wurde auf 0, −10 und −20 °C abgekühlt, und bei jeder dieser Temperaturen verdoppelte sich die Zeit, bis der Ölkreislauf gefüllt war. Mit anderen Worten, bei −20 °C dauerte es viermal länger als bei 0 °C. Für den Ölhersteller besteht die einzige Möglichkeit, dies zu beschleunigen, daß er Öle produziert, die bei niedrigen Temperaturen dünner sind. In dieser Hinsicht ist Castrol ein Spitzenreiter.

In den Untersuchungen mit Neutronenstrahlen wurde ein weiterer Problembereich erhellt. Wegen seiner inneren Form sammelte sich in einem der Motoren etwa ein Viertelliter Öl schnell in einer Ecke und blieb dann einfach dort. Durch diese Ölpfütze lief die Antriebskette der Nockenwelle und wurde dadurch in ihrer Bewegung etwas gehemmt, womit sich der Kraftstoffverbrauch zwar nur geringfügig, aber doch meßbar erhöhte. Schlimmer war jedoch,

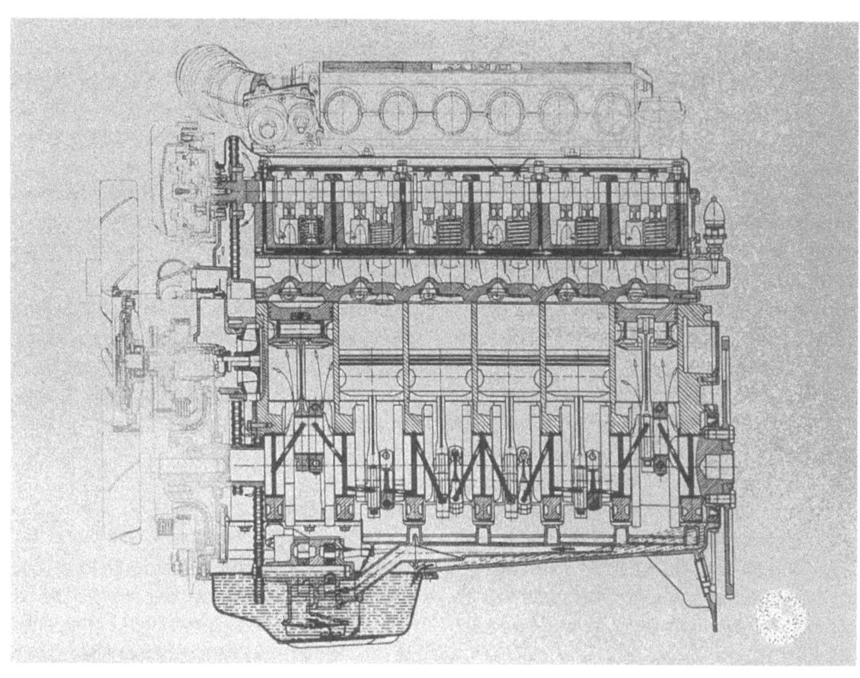

Aus diesem Schnitt durch einen BMW V12 gehen die Bemühungen der Konstrukteure um das Schmiersystem, besonders um den Ventiltrieb hervor. Der Motor enthält eine speziell gestaltete Ölleitung, von der aus die Nockenwelle von oben besprüht wird. Weitere Einzelheiten der Schmierung sind unten links dargestellt.

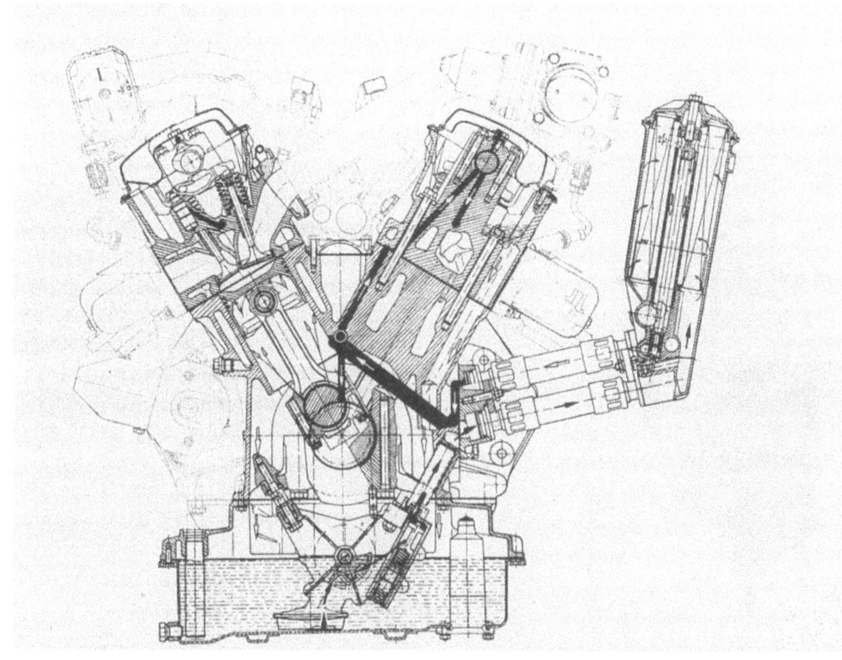

Hier ist der Ölkreislauf des BMW V12 im einzelnen dargestellt. Das Überdruckventil besitzt einen langen Kolben, mit dem Öl zur Ölpumpe zurückgeführt wird, die weit unten im Sumpf sitzt. Der massive Ölfilter ist mit dem Block über zwei kurze Schläuche verbunden, und gefiltertes Öl fließt über große Ölleitungen zur Nockenwelle und zum Zylinderkopf. Aber immer noch ist der Weg von der Ölpumpe zu den Hydro-Kolben recht lang.

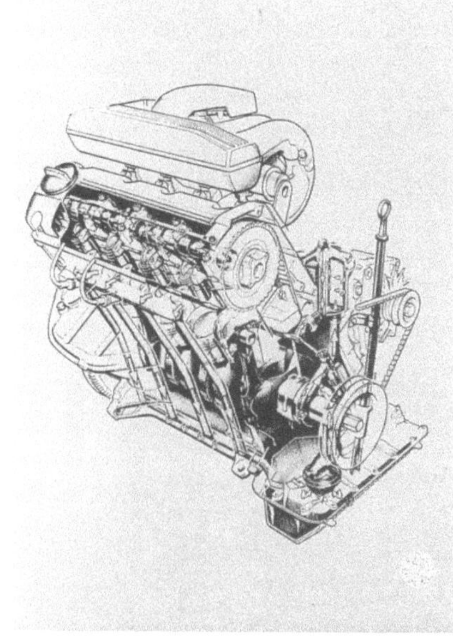

Öl muß leicht vom Zylinderkopf ablaufen können, und dieser neue BMW-Motor hat nicht weniger als vier Ablaufkanäle, damit das Öl unabhängig von der Lage des Fahrzeugs in den Sumpf zurückläuft. Dies ist beiweitem kein Luxus: bei 80 °C und 5500 U/min läuft das Öl mit 40 Litern je Minute um. Anders gesagt, der gesamte Sumpfinhalt wird alle sechs Sekunden durch den Kreislauf gepumpt!

daß die Nutzölmenge im Sumpf dadurch sofort und dann ständig kleiner war. Damit bestand die Gefahr der Mangelschmierung, besonders an Steigungen, weil das Ende des Ansaugrohres nicht mehr in die geringere Ölmenge im Sumpf eintauchte.

3.4.3 Hydro-Stößel und -Kolben

Bei Hydro-Stößeln und -Kolben treten ganz spezifische Schmierprobleme auf. Zunächst einmal muß das Öl sie schnell erreichen, oder sie würden einfach nicht funktionieren. Daher stehen Stößel bei der Schmierung an erster Stelle, und andere Schmierprobleme haben geringere Priorität. Dazu kommt, daß im Öl keine Luft eingeschlossen sein darf: Luft kann verdichtet werden, aber Hydraulikteile benötigen zur fehlerfreien Übertragung von Energie und Bewegungen eine Flüssigkeit, die sich nicht komprimieren läßt. Enthält das Öl zusätzlich Luft, kann es die volle Bewegungsenergie nicht mehr übertragen, das Ventilspiel wird zu groß, und damit auch die Stößelgeräusche. Über längere Zeit kann es dann zu Defekten am Ventilmechanismus kommen. Letztlich leidet die Motorleistung unter einer ungenauen Ventileinstellung.

Im kalten Zustand enthalten Schmieröle immer etwas Wasser. Wasser ist natürlich ein Verbrennungsprodukt, und es kommt immer zu einem gewissen Durchblasen am Kolbenring, so daß saures Wasser in das Kurbelgehäuse gelangt und dort beim Abkühlen des Motors kondensiert. Da auf jeden Liter verbrannten Kraftstoff ein Liter erzeugtes Wasser kommt, können sich selbst kleine Mengen, die an den Kolbenringen vorbeikommen, nach einer Weile zu einem beachtlichen Wassergehalt im Motorenöl auswachsen. Bei Hydro-Stößeln und -Kolben kann dieses Wasser korrodierend wirken. Auch eine geringe Korrosion kann katastrophale Folgen haben. Kugelventilfedern sind sehr klein, und die gesamte Bewegung der Teile zueinander beträgt gerade 0,1 mm, was hier dem normalen Ventilspiel entspricht.

Und noch ein anderes Problem tritt bei hohen Temperaturen auf, wenn Öle harzig werden können. Das klebrige, rotbraune Harz behindert die Bewegung des Stößels oder Kolbens und damit seine richtige Funktion.

3.4.4 Filter

Motorenöl wird kontinuierlich durch einen Filter gepumpt, der alle Teilchen über etwa 0,005 mm entfernt. Kleinere Teilchen führen normalerweise zu keinen Schäden. Außer den durch Motorverschleiß erzeugten Teilchen kann auch Staub aus der Luft in den Motor gelangen und das Öl verschmutzen. Folglich ist der Zustand des Luftfilters wichtig für die Schmierung. Ein Motor saugt riesige Luftmengen an, und irgendwie gelangt ständig etwas Staub in das Öl. Da Staub aus der Luft oft Sand oder andere Silikate enthält, wirkt er stark scheuernd

Im Ölfiltergehäuse ist ein Überdruckventil vorgesehen, das beim Blockieren des Filters öffnet, so daß der Motor nicht ohne Öl bleibt. Beim Kaltstart aber, wenn das Öl dick ist, kann der Druck so stark steigen, daß das Ventil öffnet und ungefiltertes Öl in den Motor einläßt. Am meisten sind davon in der Regel die Nockenwellenlager betroffen, da sie das Öl direkt vom Filter erhalten. Auch die Kolbenschmierung leidet, und axiale Kratzer sind oft zu sehen.

Der heutige Ölfilter ist relativ kompliziert, wie dieses Schnittbild zeigt. Oben in der Mitte sitzt das Überdruckventil, das öffnet, wenn der Filter den Öldurchfluß zu stark behindert.

3.4.5 Überdruckventil

Der maximale Öldruck wird vom Überdruckventil begrenzt, das in der Nähe der Ölpumpe angebracht ist. Wenn das Öl kalt und dickflüssig ist, öffnet dieses Ventil bei einem Druck von etwa 4 bar. Dann kann das Öl in den Sumpf zurückfließen oder wieder dem Ölpumpeneinlaß zugeführt werden, statt durch den Motor zu zirkulieren. Folglich ist es völlig falsch, einen kalten Motor schnell auf Touren zu bringen in der Hoffnung, daß dadurch das Öl schneller umgewälzt wird. Im Gegenteil: damit wird eher der Druck soweit erhöht, daß sich das Überdruckventil öffnet, was die oben beschriebenen Folgen hat.

Ebensowenig hilft es, den Öffnungsdruck des Überdruckventils durch eine stärkere Feder heraufzusetzen, wie mitunter vorgeschlagen wird. Damit erhöht sich lediglich der Öldruck, wenn der Motor kalt ist, die Ölpumpe wird höher beansprucht und verschleißt schneller. Wenn der Motor durchgewärmt ist, gibt es natürlich keinen Unterschied mehr.

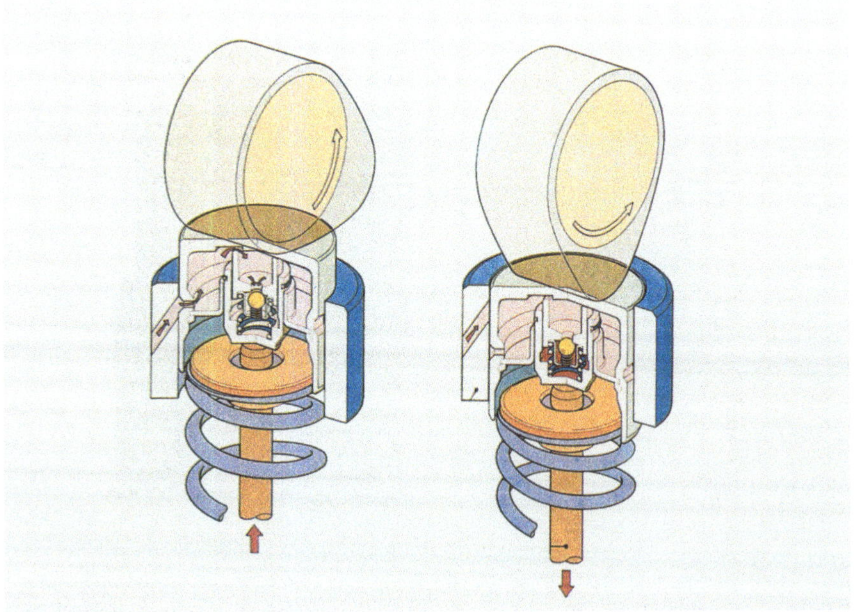

Hydro-Stößel sind selbsteinstellend und gleichen den Ventiltriebverschleiß automatisch aus, weil Öl unter normalen Bedingungen praktisch nicht komprimiert werden kann. Dieses Bild von Mazda zeigt ihre Funktion. Bewegt sich - wie im linken Bild - die Nockenkurve vom Stößel weg, wird Öl in die Kammer gepreßt und öffnet das Kugelventil, womit die Kammer darunter unter Druck gesetzt wird. Damit wird das gesamte Spiel zwischen Nocke und Stößel sowie Stößel und Ventil kompensiert. Wirkt die Nocke auf den Stößel, ist die Ölzufuhr abgeschnitten, und das Kugelventil bewegt sich zum Schließen etwa 0,1 mm. Das Öl in der unteren Kammer ist eingeschlossen, der Stößel wird starr und bewegt so die Ventilspindel wie im rechten Bild gezeigt.

Bei weitem die beste Möglichkeit, eine schnelle Schmierung aller Teile beim Kaltstart zu gewährleisten, ist die Verwendung eines Öls, das bei niedrigen Temperaturen dünnflüssiger ist. Andererseits muß das Öl aber bei hohen Temperaturen ausreichend dick sein, damit der Öldruck in einem warmen Motor nicht zu gering ist. Ansonsten kommt es zum Verschleiß bei hohen Temperaturen.

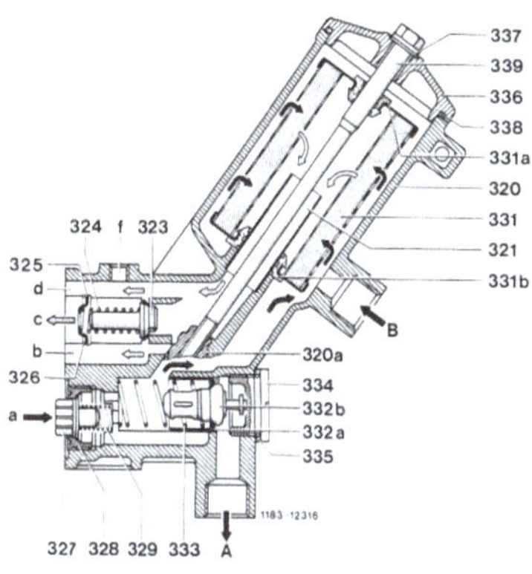

In der 4-Ventilversion des Mercedes 190E befinden sich mehrere wichtige Bestandteile des Ölsystems im Filtergehäuse. Ein solches, hier nicht gezeigtes Teil ist ein Sensor, mit dem der Ölstand im Sumpf kontinuierlich bei Temperaturen ab 60 °C überwacht wird.

320 Filtergehäuse
321 Füllstandsrohr
323 Kegelventil*
324 Feder*
325 Federsitz*
326 Sicherungsblech*
*327** Kegelventil*
*328** Ventilsitz*
*329** Feder*
330 Filtereinsatz
331 a,b Gummidichtung
332 a Schieber
332 b Thermostat
333 Feder
334 Stopfen
335 Dichtungsring
336 Deckel
337 Dichtungsscheibe
338 Rundring
339 Mittelbolzen

A zum Ölkühler
B vom Ölkühler
a von der Ölpumpe
b zum Sumpf
c ungefiltertes Öl zur Hauptölleitung
d gefiltertes Öl zur Hauptölleitung
f Druckanschluß
** Überdruckventil*
*** Rückschlagventil*

3.4.6 Ölkühler

Werden Hochleistungsmotoren hauptsächlich für kurze Fahrten eingesetzt, bietet ein Ölkühler klare Vorteile. Die Menge an Motorenöl kann geringer sein, was bedeutet, daß sich der Motor schneller erwärmt, vom Kühler jedoch vor Schäden durch Überhitzung bewahrt bleibt. Natürlich muß dabei ein Thermostat verwendet werden, einige Hersteller setzen aber auch einen Wärmetauscher zur Übertragung der Wärme zwischen den Öl- und Wasserkühlkreisläufen ein. Bei kurzen Fahrten heizt das Öl das Wasser auf; unter höheren Beanspruchungen wird die Wärme in umgekehrter Richtung übertragen. Insgesamt führt das dazu, daß das Öl eine konstante Betriebstemperatur schnell erreicht und beibehält.

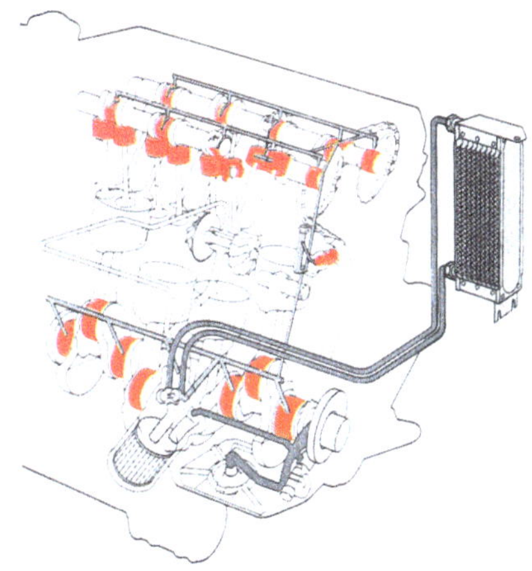

Der SAAB 9000 Motor hat einen Ölkühler und einen hydraulischen Kettenspanner. Jedes Hydro-Stößelpaar hat seine eigene Ölversorgung, und die Lager des Turboladers werden von der Hauptölleitung geschmiert.

Befindet sich der Wärmetauscher im Motorblock, kann man auf äußere Schläuche oder Leitungen verzichten. Eine konstruktive Alternative ist der Einsatz des Ölfiltergehäuses als Wärmetauscher, indem man es mit einem Wassermantel umgibt.

Literaturübersicht

AMT 47 (1987) 10: Der AMT-Ölfiltertest. Große Unterschiede in der Ölfilterqualität.

AMT 50 (1990) 1: Nockenwellenverschleiß.

4 Die Öl-Checkliste

Am offensichtlichsten sind zwei Funktionen von Motorenöl: Schmieren und Kühlen. Heutzutage muß das Öl aber noch vieles andere leisten, und damit wird die Entwicklung von Ölen komplizierter, die solche strengen Vorschriften erfüllen können. In den achtziger Jahren voll-

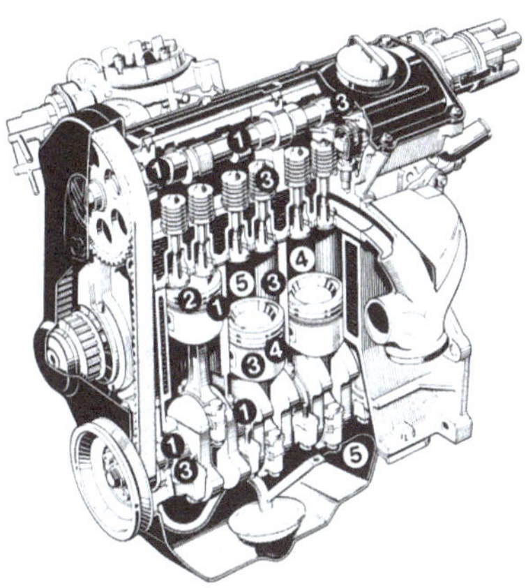

Motorenöl erfüllt mehrere wichtige Funktionen neben seiner Hauptaufgabe, Lager und andere Reibungsflächen zu schmieren (1). Es muß das Kolbenringkleben verhindern (2), Reibungswärme (3) und Verbrennungswärme (4) ableiten sowie Schmutzstoffe entfernen (5). Natürlich gehört auch ein vollständiger Korrosionsschutz dazu.

DIE ÖL-CHECKLISTE

- Schmierung
- Kühlung
- Geschmeidigkeit des Dichtungsmaterials erhalten
- Schmutzstoffe in Suspension halten
- Reinigung
- Schutz vor Verschleiß
- Schutz vor Öloxidation
- Verbesserung des Viskositätsindex
- Korrosionsschutz
- Schutz vor Schaumbildung
- Verringerung von Reibung
- Schutz vor Paraffinbildung
- Verringerung von Aschenablagerungen
- (Getriebeschmierung)
- Lärmdämpfung
- Ölfilm aufrechterhalten
- Druckdichtigkeit

Diese Checkliste enthält alle Forderungen an ein zeitgemäßes Motorenöl. Von verschiedenen Institutionen wird der Grad präzisiert, in dem ein Öl jede Forderung zu erfüllen hat. Es wird aber keine Aussage dazu getroffen, inwieweit ein bestimmtes Öl die grundlegenden Vorschriften qualitativ übersteigt.

zog sich hier eine rasante Entwicklung, die sich bisher noch nicht verlangsamt. Vielen Institutionen, die für Ölvorschriften zuständig sind, war es unmöglich, mit dieser schnellen Entwicklung Schritt zu halten. Folglich erarbeiteten einige Hersteller ihre eigenen Normen. Um diese Situation zu verdeutlichen, haben wir eine „Öl-Checkliste" aufgestellt, in der die verschiedenen Vorschriften für unterschiedliche Eigenschaften aufgeführt sind. Solche Vorschriften sind zur Unterscheidung von Ölen notwendig. Anhand der Vorschriften kann so ein bestimmtes Öl geprüft werden, womit der Hersteller bestimmen kann, welche Vorschriften erfüllt werden, und das Öl entsprechend kennzeichnet.

4.1 Technische Vorschriften für Öle

Vorschriften kann man auf zweierlei Weise erstellen. Entweder man muß einen Stoff umfangreichen Prüfungen auf jede zu erfüllende Forderung unterziehen oder man stellt ihn aus anderen Stoffen her, die ihrerseits feststehenden Forderungen unterliegen. Motorenöl besteht in der Regel aus einem oder mehreren Basisölen und einer Reihe von Additiven, die seine Eigenschaften in bestimmten Bereichen verbessern. Basisöle werden von den Raffinerien bereitgestellt, die Additive von einer relativ kleinen Zahl von Herstellern nach festen Vorschriften produziert. Da die Hersteller von Additiven ihre Produkte selbst umfangreichen Prüfungen unterziehen, können die Ölhersteller ihnen mitunter diese Aufgabe überlassen und damit ihre Entwicklungskosten senken.

Zwischen den großen Schmierstoffherstellern und den Produzenten von Additiven besteht ein enger Kontakt, so daß ein neues Öl auf dem Markt Ergebnis ihrer beiderseitigen Anstrengungen ist und stets die Leistungs-Checkliste erfüllt. Im allgemeinen wurde also ein Öl eines führenden Herstellers ausgiebig und aufwendig getestet und kann daher als zuverlässig betrachtet werden. Andererseits bedeutet aber die Tatsache, daß ein Öl bestimmte Vorschriften erfüllt, nicht unbedingt eine überdurchschnittlich gute Leistung. Vorschriften schreiben die Mindestforderungen für Öle fest.

Es kommt aber auch vor, daß Öle ohne solche ausgedehnten Tests angeblich bestimmten Vorschriften genügen sollen. So wird z. B. ein Basisöl mit einem Additivsystem vermischt, das laut Lieferant die notwendigen Vorschriften erfüllt. Ohne Frage ist das billiger, bietet aber nicht die gleiche Sicherheit wie ein voll getestetes Produkt.

4.2 Spezialhersteller für Öle

Entwickelt ein Ölhersteller eigene Additive als Ergänzung oder Ersatz für die von der chemischen Industrie angebotenen, kann man ihn als Spezialhersteller für Öle bezeichnen.

Öle dieser Hersteller müssen aufwendigen Laborprüfungen in vielfältigen Prüfausrüstungen unterzogen werden, wozu auch ausgedehnte Tests in Motoren gehören. Auf diese Weise sichert der Hersteller, daß seine Technik unabhängig bleibt und er die vollständige Kontrolle über die Ölbestandteile behält. Dazu kommt, daß er schneller auf technische Entwicklungen in seinem Bereich reagieren kann und sich nicht auf Zulieferer verlassen muß. Castrol gehört zu diesem exklusiven Kreis von Spezialherstellern.

4.3 Schmierung

Punkt 1 der Checkliste ist, was kaum verwundert, die Schmierung, also mit einem tragenden Flüssigkeitsfilm zu verhindern, daß sich bewegende Flächen berühren. Solange dieser Film genügend stark ist, können die Flächen aneinandergleiten, ohne mechanisch zu verschleißen. Selbst die glatteste Oberfläche hat mikroskopisch kleine Unebenheiten. Das Öl muß alle „Täler" füllen und immer noch für genügend Abstand zwischen den „Gipfeln" sorgen, die sich ansonsten berühren und abbrechen würden, ein Vorgang, den wir mit Verschleiß bezeichnen. Er entspricht etwa dem Segeln über einem Riff: solange das Wasser hoch genug steht, kein Problem. Ist das Wasser zu niedrig, berühren die scharfen Korallen den Bootsboden und beschädigen ihn.

Diese zwei Zustände bezeichnet man als vollkommene bzw. unvollkommene Schmierung. Von vollkommener Schmierung, auch Vollschmierung genannt, sprechen wir, wenn zwischen den Auflageflächen stets genügend Öl vorhanden ist, das die Berührung verhindert. Wird die Filmdicke bis zur Berührung verringert, spricht man von unvollkommener oder Grenzschmierung. Damit ändern sich sowohl Reibung als auch Verschleißmerkmale bedeutend.

Ist wenig oder überhaupt kein Öl vorhanden, kommt es zur sogenannten trockenen Reibung, die niemals in einem Motor auftreten darf. Dabei ist der Verschleiß so groß, daß der Motor sehr schnell repariert oder ersetzt werden muß.

4.3.1 Viskosität

Bisher haben wir uns dem Problem der Viskosität mit den etwas unwissenschaftlichen Begriffen „dick" und „dünn" genähert. Eigent-

lich wird mit diesem Terminus das Maß für die Zähigkeit einer Flüssigkeit bezeichnet. Man kann sich das so verdeutlichen, daß man dünnflüssige Stoffe wie Wasser oder Benzin mit viskoseren Flüssigkeiten wie Öl oder Sirup vergleicht oder sie sogar hochviskosen Stoffen wie Bitumen gegenüberstellt, der bei normalen Temperaturen fest zu sein scheint, dennoch unmerklich fließt.

Mit dem letzten Satz wird deutlich, daß die Viskosität von der Temperatur abhängig ist, was besonders für Öle gilt. Mit steigender Temperatur fällt die Viskosität und das Öl fließt leichter.

Da es gefährlich wäre, einen Motor zu starten, in dem die Ölviskosität zu hoch ist, müssen Ölvorschriften eine maximale Viskosität bei einer bestimmten Temperatur festlegen. Ähnlich muß auch eine Mindestviskosität bei bestimmten höheren Temperaturen vorgeschrieben werden, um den Zerfall des Ölfilms zu verhindern.

4.3.2 Die Klassifizierung nach SAE J300

Wie wir sahen, sind moderne Motoren mit engen Toleranzen konstruiert und müssen ganzjährig unter extrem unterschiedlichen Bedingungen fehlerfrei laufen. Ein Öl zu schaffen, das all diese Bedingungen abdeckt, ist keine leichte Aufgabe. Angesichts dieser komplizierten Situation wurden von der US-amerikanischen Kraftfahrzeugtechnischen Gesellschaft (Society of Automotive Engineers SAE) eine Reihe von Viskositätsvorschriften erarbeitet, die sich inzwischen weltweit durchgesetzt haben.

In diesen Vorschriften werden die Buchstaben SAE sowie zwei Zahlen verwendet. Einer der Zahlen folgt der Buchstabe W für niedrige Temperaturen (Winter), während die andere ohne Zusatz bleibt und sich auf Prüfungen bei 100 °C bezieht. Folglich ist ein Öl mit der Bezeichnung SAE 20W-20 ein Öl der Viskosität 20 für sowohl Sommer- als auch Winterbedingungen.

Seit Dezember 1983 wurden die Forderungen für Winteröle bedeutend verschärft. Die Viskosität bei niedrigen Temperaturen muß jetzt in einer Spezialmaschine geprüft werden, mit der ein Motor unter Kaltstartbedingungen nachgebildet wird. Die Maschine (oder der Cold-Cranking-Simulator) besteht im wesentlichen aus einer Metallscheibe, die innerhalb eines engen, ölgefüllten Gehäuses rotiert, und somit die Schmierbedingungen der Kurbelwelle recht genau simuliert. Mißt man nun den Widerstand der Scheibe gegen die Bewegung unter Verwendung verschiedener Öle und bei unter-

VISKOSITÄT EINBEREICHSÖL

New Classification (J-300 June 1987)

SAE Viscosity Grade	Viscosity (cP) at Temperature (°C) Max	Borderline Pumping Temperature (°C) Max	Viscosity (cSt) at 100°C Min	Max
0W	3250 at -30	-35	3.8	.
5W	3500 at -25	-30	3.8	.
10W	3500 at -20	-25	4.1	.
15W	3500 at -15	-20	5.6	.
20W	4500 at -10	-15	5.6	.
25W	6000 at - 5	-10	9.3	.
20	.	.	5.6	< 9.3
30	.	.	9.3	< 12.5
40	.	.	12.5	< 16.3
50	.	.	16.3	< 21.9
60	.	.	21.9	< 26.1

Note: 1 cP=1 mPa s; 1 cSt=1 mm²/s

Die letzte Änderung bei den Viskositätsklassen gab es im Juni 1987, als Öl der Klasse 60 aufgenommen wurde. Im Hochtemperaturbereich gab es aber keine Änderungen, hier wird nach wie vor bei 100 °C geprüft. Daher wurde vom europäischen Herstellerkonsortium CCMC 1985 eine Hochtemperaturmessung der Viskosität bei 150 °C eingeführt.

schiedlichen Temperaturen, so erhält man ein Maß für ihre Viskosität.

Unter den normalen europäischen Klimabedingungen sind die wichtigsten Winter-Viskositäten 5W, 10W und 15W, die dem Startwiderstand bei −25, −20 und −15 °C entsprechen. Mit anderen Worten, je kleiner die Zahl vor dem W ist, desto leichter dreht der Motor beim Kaltstart. Das ist aber noch nicht alles. Auch unterhalb der Nenntemperatur muß das Öl flüssig bleiben, denn durch örtliche Abkühlung kann das Öl teilweise erstarren, zum Beispiel an der Sumpfaußenwand. Startet man einen Motor unter diesen Bedingungen, wird er zwar zunächst vom flüssigen Öl geschmiert, doch bald könnte es zum Schmiermangel kommen, denn das wachsartige, halbfeste Öl läßt sich nicht pumpen. Unter solchen Bedingungen braucht der Motor nur ein paar Minuten, um sich festzufressen.

Um das zu vermeiden, fordert die SAE, daß ein Öl bei einer Temperatur von 5 Grad unter der vorgeschriebenen ausreichend pumpfähig bleiben muß. In den sehr kalten Wintern der Jahre 1985 und 1986 mußten viele Kraftfahrer am eigenen Leib erfahren, wie wichtig niedrigviskose Öle beim Kaltstart sind. Von den meisten europäischen Herstellern werden jetzt Öle mit SAE 10W empfohlen, die möglichst schnell eine vollständige Schmierung nach dem Start gewährleisten.

Zum anderen Teil der SAE-Vorschrift kommen wir im Abschnitt, der sich mit der Hochtemperaturschmierung befaßt.

4.3.3 Mehrbereichsöle

Im vorausgegangenen Beispiel einer SAE-Klassifizierung, SAE 20W-20, ist die Viskosität bei niedrigen und hohen Temperaturen gleich. Hier handelt es sich um ein Einbereichsöl. Bis Anfang der siebziger Jahre wurden Öle mit 20W-20 als Winteröle verwendet, im Sommer

wechselte man zur SAE 30-Klasse. Die notwendigen regelmäßigen Ölwechsel waren kein Problem, da sie seinerzeit ohnehin schon alle 5000 km vorgenommen werden mußten.

Mit der allmählich besseren Öltechnik kamen aber neue Ölsorten auf, die für den Winter ausreichend dünnflüssig waren, ihre Viskosität bei höheren Temperaturen jedoch beibehielten. Diese neuen Öle mit SAE 20W-30 und SAE 20W-40 wurden Zwei- oder Mehrbereichsöle genannt, da sie verschiedene Viskositätswerte für niedrige und hohe Temperaturen hatten.

Seit etwa 1980 haben die Mehrbereichsöle die alten Einbereichsöle vollständig verdrängt. Damit ist es heute möglich, sommers wie winters gleiche Öle zu verwenden und natürlich die Abstände zwischen den Ölwechseln wesentlich zu verlängern.

4.3.4 Viskositätsindexverbesserer

Der Viskositätsindex ist eine Zahl, die die Veränderung der Ölviskosität über den Tempe-

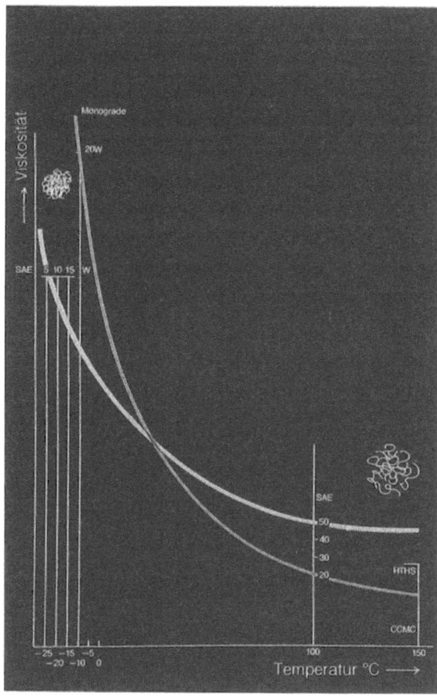

Ein Einbereichsöl ist in der Regel zu dünn, wenn der Motor warm und zu dick, wenn er kalt ist. Daher wurden Mehrbereichsöle entwickelt. Wenn der Viskositätsindex des Basisöls nicht hoch genug ist, werden spezielle Stoffe mit Kettenmolekülen, sogenannte Polymere zugefügt. Diese Molekülen rollen sich bei niedrigen Temperaturen zusammen und öffnen sich bei hohen, verweben sich miteinander und erhöhen die Viskosität des Öl-Additiv-Gemisches. Mit dem neuesten synthetischen Mehrbereichsöl von Castrol, SAE 5W-Y, sind Starttemperaturen von −25°C möglich. Dennoch übertrifft es die CCMC-Viskositätsvorschriften bei einer Sumpftemperatur von 150 °C.

raturbereich von 40 bis 100 °C widerspiegelt: je größer die Zahl, desto geringer die Veränderung. Somit hat ein Einbereichsöl einen geringeren Viskositätsindex als ein Mehrbereichsöl.

Mehrbereichsöle werden produziert, indem man ausgewählte Polymere einem Basisöl mit niedriger Viskosität (z. B. SAE 10W) zufügt. Die langkettigen Polymermoleküle tendieren bei Kälte interessanterweise zum Zusammenrollen, und wickeln sich bei Wärme wieder auseinander. Dann strecken sie sich, verweben sich im Öl gleichmäßig miteinander und erhöhen so dessen Viskosität.

Daher wird die Ölviskosität durch die Polymer-Additive bei niedrigen Temperaturen viel weniger erhöht als bei hohen. So läßt sich aus einem Öl der Klasse SAE 10W ein Öl mit SAE 40 oder noch höher machen.

Additive, mit denen der Viskositätsindex wie dargestellt gesteigert werden kann, heißen Viskositätsindexverbesserer. Sie zeichnen sich noch durch eine andere nützliche Eigenschaft aus: zwischen ihren Polymerketten schließen sie Öl ein. Damit kann das Öl nicht so leicht fließen, besonders unter hoher Last, und wird damit ähnlich wie bei einem Schmierfett zurückgehalten. Für die Kurbelwelle und die Kurbelwellenlager der Pleuel ist das sehr günstig, denn hier können die Lastspitzen sehr hoch sein, insbesondere beim Arbeitshub und beim schnellen Lauf.

4.3.5 Viskositätsverlust

In der Realität hat alles seine Vor- und Nachteile, und leider gilt das auch für die anscheinend so wunderwirkenden Viskositätsindexverbesserer. Im Grunde haben sie zwei Schwachstellen: ihre langkettigen Moleküle zerbrechen leicht, und sie ordnen sich auch leicht in Reihen an. Das Brechen in kürzere Ketten erfolgt an Stellen, wo die Moleküle eingeschlossen sind, zum Beispiel am Einlaß und Auslaß zur Kurbelwanne und den Kurbelwellenlagern der Pleuel. Die langen Polymerketten verweben sich leicht zu einer Art Molekülmatte, und brechen dann in kürzere Ketten, die ihrerseits nicht so leicht brechen. Aber: ihr viskositätserhöhender Effekt ist geringer. Folglich fällt ein Öl, das einmal als SAE 10W-40 begann, allmählich auf SAE 10W-30 ab, und so weiter. Diesen Vorgang nennt man permanenten Viskositätsverlust, und er ist natürlich unerwünscht, weil die Gefahr von Schäden durch sich berührende Metallteile ständig steigt.

In Europa wird eine Einspritzprüfung mit einer Dieseldüse von Bosch durchgeführt, um die Beständigkeit gegenüber Viskositätsverlust bzw. die mechanische Scherstabilität von Mehrbereichsölen zu bestimmen. Als Faustregel gilt, daß das Öl seine Mehrbereichs-Viskosität auch dann noch haben muß, wenn es in der Prüfung auf Scherstabilität 30mal eine

Dieseleinspritzdüse passiert hat. So sollte beispielsweise ein Öl mit 10W-40 nicht auf 10W-30 abfallen. In den USA sind die Normen für Scherstabilität weniger streng.

Der zweite, erst in jüngster Zeit festgestellte Nachteil ist, daß sich die Moleküle unter bestimmten Bedingungen in Reihen anordnen, statt miteinander zu verweben. Das passiert hauptsächlich dann, wenn sie in einem Ölfilm zwischen zwei sich schnell bewegenden Flächen enthalten sind, wie es oft im Motor vorkommt. Sind die Polymerketten ausgerichtet und nicht mehr verwoben, so ist der viskositätssteigernde Effekt fast völlig dahin, und das Öl ist kaum besser als das Basisöl, aus dem es produziert wurde. Da dies bei hohen Drehzahlen leichter auftritt, besteht eine große Gefahr, daß der Ölfilm zerfällt und es zu schlimmen Verschleißerscheinungen kommt. Sobald das Öl den Bereich hoher Scherkräfte verläßt, verweben sich die Polymerketten aber wieder, und das Öl erreicht erneut seine frühere Viskosität. Aus diesem Grund wird diese Erscheinung als zeitweiliger Viskositätsverlust bezeichnet.

4.3.6 Viskosität bei hohen Temperaturen

Heute weiß man, daß die zeitweilige Verringerung der Viskosität vielfach die Ursache für übermäßigen Verschleiß an Lagern, Kolben und Teilen des Ventiltriebs ist. Bei hohen Temperaturen und Drehzahlen kann ein falsch angesetztes Öl der Klasse SAE 10W-40 zeitweilig bis auf eine Viskosität abfallen, die kaum der eines SAE 10W-20 entspricht. Folge davon ist ein zerrissener Ölfilm und Defekte an den Teilen.

Die SAE-Norm (J300) definiert Viskositätswerte, die mit Messungen unter geringen Scherkräften in Kapillar-Viskosimetern gewonnen wurden, wo lediglich die Schwerkraft das Öl durch das Kapillarröhrchen zieht. Kinematische Viskositäten werden normalerweise bei 100 °C und 40 °C bestimmt. In der Viskositätseinstufung nach J300 sind Maximum- und Minimumwerte für Öle mit den Bereichen SAE 20, 30, 40 und 50 angegeben.

Mit Prüfungen ist es möglich, die Bedingungen im Motor unter hohen Scherkräften zu simulieren, bei denen in Verbindung mit hohen Temperaturen ein zeitweiliger Viskositätsverlust auftritt. Die Meßergebnisse spiegeln die Viskosität bei hohen Temperaturen und hohen Scherkräften (HTHS-Viskosität) wider, die bei 150 °C gemessen wird. In Europa wurden vom CCMC hohe Normen für die HTHS-Viskosität von Mehrbereichsölen festgelegt.

Leider wird vom CCMC die HTHS-Viskosität nicht so bestimmt, wie sich VW das vorgestellt hatte. VW bestimmte die Viskosität zusätzlich, nachdem das Öl durch eine Prüfapparatur gepumpt wurde, mit der der ständige Viskositätsverlust simuliert wurde.

4.3.7 Basisöle

Aus den bisherigen Darstellungen geht hervor, daß nur hochwertige Additive unter hohen Beanspruchungen zuverlässig wirken. Ande-

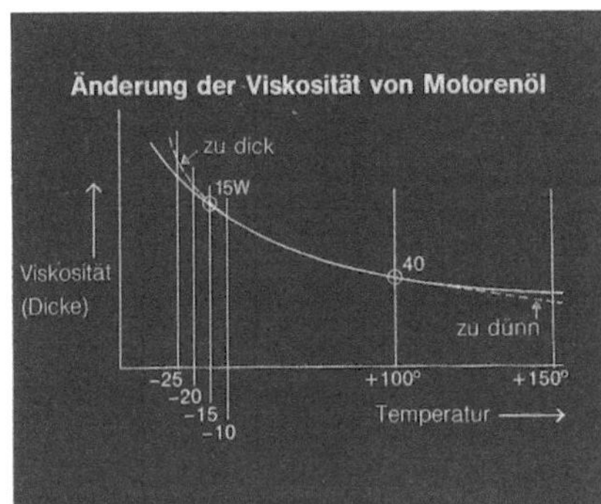

Daß ein Öl einer bestimmten Vorschrift entspricht, sagen wir SAE 15W-40, läßt andere Fragen noch unbeantwortet. Was passiert, wenn die Temperatur unter − 15 °C fällt, bei der die SAE-Prüfung durchgeführt wird? Kommt es dabei zu einem starken Anstieg der Viskosität, dann kann die Schmierung zusammenbrechen. Und wenn die Einstufung als 40er Öl auf der Grundlage von Prüfungen bei 100°C vorgenommen wurde, wird dann das Öl auch genügend dickflüssig sein, um Schäden bei 150 °C zu vermeiden? Wegen der Unsicherheit im Zusammenhang mit der letzten Frage gingen europäische Hersteller zur Messung der HTHS-Viskosität bei 150 °C über.

Gründe für erhöhte Öltemperaturen

Sumpfvolumen bleibt relativ klein

höhere Leistungsabgabe

Kraftstoffeinspritzung

Aufladung

höhere Motordrehzahlen

komplizierter Bauweisen

geringerer Kraftstoffverbrauch

verringerte Kühlung

bleifreier Kraftstoff

Flüssiggas-Kraftstoff

Es gibt mehr Gründe für höhere Öltemperaturen in Europa als die schwierigen Fahrbedingungen. Auch ein geringerer Kraftstoffverbrauch und kompliziertere Motorenkonstruktionen haben ihre Folgen.

rerseits wird aus einem minderwertigen Basisöl kein zuverlässiges Mehrbereichsöl, ganz gleich welche Polymere zugefügt werden.

Zu berücksichtigen sind auch Emissionsfragen. Moderne Kurbelwannenentlüftungen sorgen dafür, daß alle Emissionen zum Lufteinlaß des Motors geführt und zusammen mit dem Kraftstoff verbrannt werden. Aber etwas Öl führen diese Gase immer mit sich, das sich dann auf den Einlaßventilen und Kolben absetzen kann. Mit dem Öl lagern sich auch die Kettenmoleküle der Viskositätserhöher ab und verschmutzen das Einlaßsystem. Wenn das Basisöl eine niedrige Viskosität hat, verdampft es leichter, was zu Verschmutzung und hohem Ölverbrauch führt. Überdies kann das immer viskosere Restöl die Schmierung erschweren, besonders beim Kaltstart.

Deshalb befassen sich Ölhersteller mit der Verbesserung der Fließeigenschaften von Basisölen, um den Bedarf an Additiven zu senken. Vielleicht sollte man erklären, daß das hier „Basisöl" genannte Öl aus Rohöl zusammen mit vielen anderen Ölprodukten destilliert wird. Die zuerst erzeugten Stoffe haben den niedrigsten Siedepunkt, nämlich Butan und Propan, gefolgt von Benzin und Kerosin. Später folgen dann Diesel- und Heizöle. Nachdem diese leichteren Fraktionen abdestilliert sind, beginnen die schweren Öle überzugehen, und davon werden die ersten als Basisöle für Schmierstoffe verwendet. Weil sie aus vielfältigen Rohölqualitäten mit einer Reihe nicht völlig identischer Destillationsverfahren gewonnen werden, kann ihre Zusammensetzung stark abweichen.

Mit diesem Verfahren werden seit etwa 1935 „mineralische" Basisöle erzeugt. Diese Öle eignen sich nicht mehr für moderne Mehrbereichsmotorenöle. Heute hat sich die Raffinerietechnik so weit verbessert, daß man mineralische Basisöle mit einem höheren Viskositätsindex herstellen kann. Manche Hersteller wollen aber noch weiter gehen und verwenden neue Basisflüssigkeiten, deren Moleküle künstlich geschaffen wurden, um die immer genaueren Vorschriften zu erfüllen. Dies läßt sich mit chemischen Verfahren dadurch erreichen, daß einfache Moleküle zu längeren Ketten zusammengesetzt werden. Diese Zusammensetzung nennt man Synthese, und folglich heißen solche Öle synthetische oder künstliche Öle.

Ganz spezielle Arten von synthetischen Ölen lassen sich durch Bindung von Sauerstoff an die Moleküle erzeugen. Auf diese Weise kann ein Pflanzenöl wie z. B. Rizinusöl chemisch modifiziert werden, und die resultierenden Öle haben ausgezeichnete filmhaltende Eigenschaften und einen hohen Viskositätsindex.

Die vielen verschiedenen synthetischen Ölarten haben alle ihre individuellen Eigenschaften, und von den Herstellern wird festgelegt, welche davon für ein spezielles Produkt gebraucht

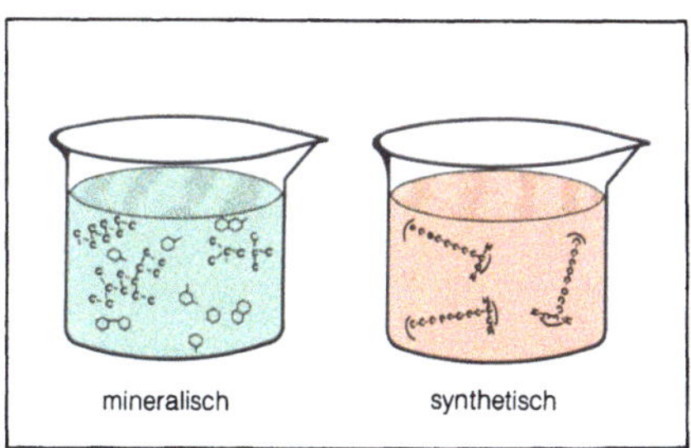

Der Hauptunterschied zwischen Mineralölen und synthetischen Ölen liegt in ihrer Molekülstruktur. Das Mineralöl ist eine willkürliche Ansammlung unterschiedlicher Substanzen, während das synthetische Öl eine spezifische maßgeschneiderte Molekülanordnung enthält. Hydrogekrackte Öle sind verbesserte Mineralöle.

werden. Natürlich sind nicht alle Eigenschaften unter allen Bedingungen vorteilhaft. Auch die höheren Kosten dieser Öle können sich als nachteilig erweisen. Auf diese Weise geschaffene Basisöle benötigen immer noch Additive, um hochwertige Schmierstoffe zu werden. Wie immer ist es die Kombination von Basisöl mit Additiven, die letztlich die Qualität des Erzeugnisses bestimmt. Für einen Hersteller macht ja es keinen Sinn, billige Additive mit einem teuren Basisöl zu mischen, und erstklassige Hersteller verwenden nur Bestandteile höchster Qualität, um einen Spitzenschmierstoff zu produzieren. Oft wird nicht nur ein einziges Basisöl verwendet, sondern zwei mit ganz unterschiedlichen Viskositäten zu einem Öl vermischt. Dies kann mit einem mineralischen Basisöl kombiniert werden, um ein weniger teures Schmiermittel mit breitem Viskositätsbereich herzustellen. In der Regel wählt man ein synthetisches Öl mit niedriger Viskosität, weil es Vorteile beim Kaltstart hat, ohne allzu leicht zu verdampfen. So hergestellte Schmierstoffe werden als halbsynthetische Stoffe bezeichnet.

In jüngerer Zeit wurde mit dem „Hydrokracken" ein neues Sortiment von Mineralölen erschlossen. Bei diesem Verfahren wird Wasserdampf unter hohen Drücken und Temperaturen einem mineralischen Basisöl zugefügt, um dieses zu „kracken" (d. h. zu spalten) und neue Öle zu schaffen, die über die Destillation nicht zu gewinnen sind. Diese hydrogekrackten Öle haben einen sehr hohen Viskositätsindex und sind viel billiger als synthetische. Gegenüber Mineralölen weisen sie einige physikalische Vorteile auf und werden oft mit normalen Mineral- oder synthetischen Ölen zum gewünschten Endprodukt vermischt.

4.3.8 Öle mischen

Eine Mischung verschiedener Öle im Motor einzusetzen, ist nicht sonderlich ratsam, kann aber erforderlich werden, um in Notfällen einen zu niedrigen Ölstand aufzufüllen. In dieser Situation sollte ein Öl der gleichen SAE W- und CCMC-Bezeichnung gewählt werden. Wenn man also schon ein SAE 10W-30 im Motor hat (CCMC G3/PD1), könnte problemlos ein SAE 10W-40 (CCMC G3/PD1) aufgefüllt werden, selbst wenn es von einem anderen Hersteller stammt. Ist dieselbe Viskosität nicht verfügbar, dann sollte bei warmen Temperaturen eine höhere gewählt werden. Dies erhöht die Viskosität des Motorenöls etwas, ohne allzu viele Probleme zu bereiten. Bei niedrigen Temperaturen, zum Beispiel im Winterurlaub, ist ein Öl nachzufüllen, dessen SAE W-Wert niedriger liegt.

Bei Dieselmotoren sollte man immer ein Öl der Klasse CCMC PD2 verwenden. Steht ein solches nicht zur Verfügung, kann auch ein Öl nach API CD, z. B. API SG/CD gewählt werden. In Benzinmotoren wären CCMC G4 oder G5 Vorzugsvarianten, aber zum Auffüllen kann auch eine API-Qualität benutzt werden.

4.4 Kühlung

Da die Betriebstemperaturen der Motoren ständig steigen, wird Öl als Kühlmittel immer wichtiger. Die Literleistungen sind schon bis auf 75 kW angewachsen, und die sehr hohen Temperaturen im Zylinder, besonders bei Turboladern, verlangen vom Öl, das auf die Unterseite der Kolben gesprüht wird, entscheidende Kühlleistungen. Das Öl wird dabei nämlich aufgeheizt. Außerdem beeinflussen Reibungskräfte die Öltemperatur, die weiterhin stark von der Motordrehzahl abhängt. Um den Ölfilm zwischen Auflageflächen viskos zu halten, muß das Öl selbst kühl bleiben. In der Regel ist daher die umgewälzte Ölmenge groß. Deshalb haben moderne Motoren Hochleistungsölpumpen.

Wenn die Brennkammer eine hohe Temperatur schnell erreicht und beibehält, wird der Kraftstoffverbrauch gesenkt. Deshalb enthält der Motorblock immer weniger Kühlmittel und Schmieröl. Bei Zweirädern setzt Suzuki das Schmieröl für die Kühlung des gesamten Motors ein. Damit steigen die Kolbentemperaturen sehr stark an. Weil die Temperatur in der Kühlwasseranlage moderner Motoren kaum niedriger als die des Öls liegt (in einem unter Druck stehenden System mit 50% Wasser kann sie ohne zu kochen 110 °C erreichen), kann man sogar davon ausgehen, daß viele Motoren in absehbarer Zukunft vollständig ölgekühlt sein werden.

Die höchsten Öltemperaturen treten in der oberen Kolbenringnut und in den Führungen der Auslaßventile auf. Hier können 300°C und bei Turbodieseln noch mehr erreicht werden. In diesen Bereichen fließt kaum Öl, so daß die Kühlung auch sehr gering ist. Wenn der Schmierfilm zwischen zwei stark beanspruchten Gleitflächen, wie zwischen einer Nocke und einem Stößel, zusammenbricht – und sei es auch nur zeitweilig – können sehr hohe Temperaturen auftreten, wo sich die Rauheitsspitzen der Flächen berühren. Um dies zu vermeiden, muß hier unbedingt eine direkte Ölkühlung wirken.

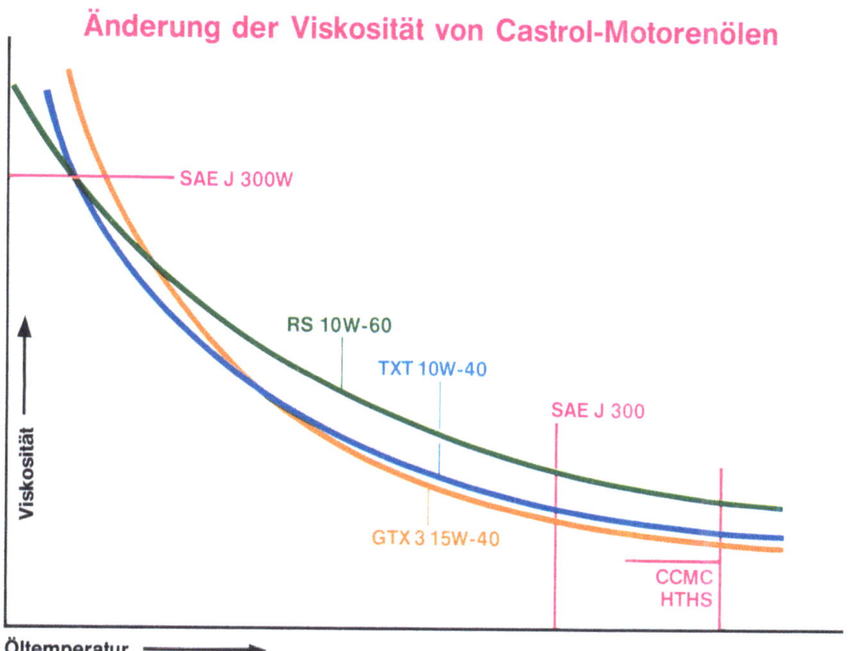

Da besonders die Pleuellager von Rennmotoren extrem hohe Anforderungen an die Schmierung stellen, wurde aus dem Castrol-Öl Formula RS 5W-50 eine Version 10W-60 entwickelt. Dank der vollsynthetischen Zusammensetzung ist die Viskosität bei niedrigen Temperaturen gering und bei hohen Temperaturen sehr hoch.

4.5 Andere Aspekte

Die folgenden Punkte gelten hauptsächlich für Additive, wobei die Reihenfolge keine Rolle spielt. Aus der Checkliste geht hervor, wie moderne Öle vielen unterschiedlichen Anforderungen genügen müssen. Für den Hersteller ist es keine leichte Aufgabe, das Optimalgemisch zwischen Additiven und Basisöl zu bestimmen. Danach muß das Produkt eingehend geprüft werden, um zu sichern, daß es langfristig und unter verschiedensten Bedingungen gute Leistungen erbringt. Die Schwierigkeiten bei der Entwicklung moderner Öle werden im nächsten Abschnitt behandelt.

4.5.1 Geschmeidigkeit von Öldichtungen

Chemische Reaktionen laufen bei hohen Temperaturen leichter ab. Daher können die für Öldichtungen eingesetzten Spezialgummis bei steigenden Temperaturen schneller beeinträchtigt werden. Sie verhärten, werden rissig und dann undicht.

Dazu kommt, daß Dichtungen nicht quellen oder schrumpfen dürfen. Da heute die Dichtungen von Ventilführungen aus speziellen Materialien wie Akrylat und Fluorkohlenstoff bestehen, verdient dieser Punkt besondere Aufmerksamkeit.

4.5.2 Dispersionsmittel

Wie wir sahen, gelangen im Betrieb alle möglichen Teilchen in das Öl. Diese dürfen sich nicht auf Flächen ablagern, sondern müssen in Suspension, also aufgeschwemmt bleiben. Additive, mit denen diese Öleigenschaft erhöht wird, nennt man Dispersionszusätze. Sie erfüllen eine wichtige Funktion für die Erhaltung der Ölqualität.

4.5.3 Reinigungsmittel

Wie das Öl selbst, so muß auch der Motor sauber bleiben. Dem Öl werden deshalb eine Reihe von Stoffen zugesetzt, die bei hohen Temperaturen gebildete Ablagerungen lösen. Damit wirkt das Öl wie eine Reinigungsflüssigkeit, und die Additive, die ihm diese Fähigkeit verleihen, werden Reinigungszusätze genannt.

4.5.4 Antioxidationsmittel

Der Luftsauerstoff greift die meisten Stoffe an, und Öl ist da keine Ausnahme. Auch dieser Vorgang wird bei hohen Temperaturen beschleunigt. Bei der Oxidation des Öls wird es dicker und saurer, verliert Schmiereigenschaf-

ten und verursacht letztlich Motorschäden. Chemikalien können diesen Prozeß verlangsamen. Öle mit solchen Additiven können Temperaturen von 150 °C und sogar Spitzen von 170 °C kurzzeitig ohne größere Probleme widerstehen. Solche Temperaturen verringern jedoch die Lebensdauer des Öls. Hat die Oxidation einmal begonnen, setzt sie sich schnell fort. Mehr dazu im Abschnitt 6.

4.5.5 Korrosionsschutzmittel

Natürlich darf Rost oder sonstige Korrosion nirgendwo im Motor auftreten. Daher werden dem Öl immer Korrosionsschutzmittel zugesetzt. Bei so vielen unterschiedlichen Werkstoffen, die geschützt werden müssen, ist die Wahl und Dosierung des Korrosionsschutzmittel keinesfalls einfach.

4.5.6 Antischaumzusätze

Vor gerade 20 Jahren waren schäumende Motoren nichts Ungewöhnliches, besonders wenn Serienwagen in Motorrennen fuhren. Dabei wurde das Öl bei den konstanten hohen Drehzahlen buchstäblich wie mit einem Milch-Shake aufgeschäumt, bis es nur noch aus Schaum bestand. Damit verlor es seine Tragfähigkeit, vor allem weil die eingeschlossene Luft komprimierbar ist. Folge ist, daß der Ölfilm zerfällt und Metalle aneinander reiben. Heute sind alle Motorenöle mit Antischaummitteln versehen.

4.5.7 Reibungsmindernde Additive

Wir wir festgestellt haben, kann der Film aus ganz verschiedenen Gründen zerfallen. Dehalb benötigen moderne Öle ein eingebautes Sicherheitssystem. Dazu werden reibungsmindernde Additive verwendet, die auf Metallflächen eine schmierende Schicht bilden und so die Berührung auch unter erschwerten Bedingungen verhindern. Es handelt sich dabei um Substanzen, die sich leicht an Metallflächen binden und die Reibungs- und Verschleißmerkmale des Öls stark verbessern.

Da sie den internen Reibungswiderstand des Motors herabsetzen, können sie auch den Kraftstoffverbrauch verringern.

4.5.8 Verschleißmindernde Verbindungen

Ist eine Berührung zwischen Metallen unvermeidlich, werden die Drücke an den Berührungsstellen – den Rauhheitsspitzen der Metallflächen – so hoch, daß die Teile schnell und stark verschleißen. Als Ausgleich setzt man

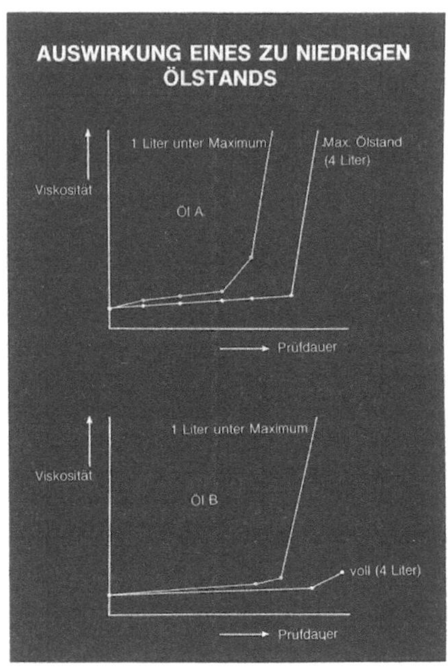

Jüngste Prüfergebnisse von API SG-Ölen zeigen den plötzlichen Beginn der Oxidation und die Auswirkung eines zu geringen Ölstands. Obwohl Öl B hochwertiger ist, steigt die Viskosität genauso abrupt, wenn der Ölstand zu niedrig ist.

dem Öl sogenannte verschleißmindernde Additive zu. Das sind chemische Verbindungen, die bei bestimmten Temperaturen und Drücken miteinander reagieren und eine zeitweilige Schutzschicht auf den Auflageflächen bilden. Einige verschleißmindernde Additive wirken bei kaltem Motor, andere werden erst bei höheren Temperaturen aktiv. Eine der wirksamsten verschleißmindernden Verbindungen ist ZDDP, eine Zink-Phosphor-Verbindung, die für die Schmierung des Ventiltriebs besonders effektiv ist. Mehr zu dieser Verbindung im nächsten Abschnitt.

4.5.9 Entparaffinierende Mittel

Alle Flüssigkeiten erstarren, wenn sie bis zu einem bestimmten Punkt abgekühlt werden. Während aber reine Stoffe wie Wasser fest werden, gilt das nicht für Gemische wie Schmier- oder Dieselöle. Bei ihnen verfestigen sich die schwereren Bestandteile zu Paraffinen, und nur die leichteren Öle bleiben flüssig. Damit verringern sich sowohl Quantität als auch Qualität des verfügbaren Öls. In manchen Fällen wird dadurch auch der Filter blockiert. Man kann diesen Vorgang mit bestimmten Stoffen verhindern, deren Wirksamkeit aber von der Geschwindigkeit der Abkühlung abhängt. Mineralische Basisöle paraffinieren, weil sie aus einer Vielzahl von molekularen Substanzen bestehen.

4.5.10 Ascheablagerungen

Auch die Additive selbst können Probleme aufwerfen. Oft enthalten sie ja metallische Stoffe, so daß sich Asche bilden kann, wenn Öl in den Brennraum gelangt und dort zusammen mit Kraftstoffablagerungen verbrennt. Ascheablagerungen können zum Ausbrennen der Ventile und Ventilsitze führen und Rillen in die Zylinderwände kratzen. Durch Ablagerungen auf Zündkerzen wird die Wärme zurückgehalten, was zur Vorzündung bzw. zum „Klopfen" führen kann. Damit gehen bisweilen schwere Kolbenschäden wegen örtlicher Überhitzung einher: der Kolbenkopf kann sogar durchbrennen. Man hat aber Motorenöle entwickelt, die weniger dazu neigen, schädliche Aschen zu erzeugen. Besonders wichtig war dies bei der Entwicklung spezieller Zweitakter-Öle, wo die Schmierstoffverbrennung ein wesentlicher Bestandteil des Prozesses ist. Aufgrund seiner umfangreichen Erfahrungen mit vielfältigsten Motoren konnte Castrol erfolgreich sogenannte „aschefreie Additive" entwickeln. Das sind Organometallverbindungen, die leichter und mit weniger Rückständen verbrennen. Vor allem für die Entwicklung spezieller Zweitakter-Öle war dies dringend, und auch für Öle, die in Motoren mit Katalysatoren zur Senkung der Abgasemissionen eingesetzt werden.

4.5.11 Filmbildung

Wenn wir vom Ölfilm sprechen, meinen wir eigentlich folgendes: ein dünner, aber fester Film breitet sich gleichmäßig auf der gesamten Metallfläche aus und bildet im Gegensatz zu Wasser keine Pfützen und Tröpfchen. Die beste Oberflächenwirkung erzielen Pflanzenöle wie Raps- oder Rizinusöl, wobei diese jedoch eine geringe Oxidationsbeständigkeit haben und beim Verbrennen viel Kohlenstoff bilden. Tatsächlich verwendete man bis in die siebziger Jahre Rizinusöl in Viertakt-Rennmotoren, aber die Öltemperaturen mußten auf 110 °C begrenzt bleiben.

Auch Castrol hatte sich zu Beginn des Jahrhunderts auf Rizinusöl spezialisiert. Dieses Öl wird noch immer eingesetzt, aber zunehmend bilden synthetische Öle die Basis für moderne Mehrbereichsöle.

4.5.12 Geräuschdämpfung

Weil sie bewegliche Metallteile voneinander trennen, wirken alle Schmierstoffe geräuschdämpfend. Bei der Trockenreibung mit ihrem direkten Kontakt zwischen Metallen können starke Geräusche auftreten. Die Kolben würden in den Zylindern schlagen, und der Ventillärm käme dem eines Güterzugs sehr nahe!

4.5.13 Abdichtung

Obwohl Kolbenringe und Öldichtungen den Durchgang von Gasen aus dem Brennraum in den Sumpf und umgekehrt verhindern sollen, ist es doch der Ölfilm selbst, der letztlich für die Abdichtung sorgt. Gase können sich durch kleinste Lücken pressen, und ohne den verschließenden Ölfilm wären selbst die besten Ringe und Dichtungen wirkungslos.

4.5.14 Getriebeschmierung

Getriebe zu schmieren, ist mitunter eine Zusatzaufgabe von Motorenölen, wenn das Getriebe im Kurbelgehäuse sitzt. Die Schmierung von Zahnrädern ist wegen der hohen Scherkräfte äußerst kompliziert und stellt daher sehr große Anforderungen an die Viskositätsindexverbesserer im Öl. Ein Mehrbereichsöl schlechter Qualität wird unter diesen Bedingungen schnell zu einem sehr dünnen Basisöl. Dieses Öl ist dann nicht mehr in der Lage, bei hohen Temperaturen die Berührung zwischen Metallteilen zu verhindern, was zu schnellem Verschleiß führt. Überdies gelangt der Abrieb von den Zahnrädern in das Öl und beschädigt die Ölpumpe, die ja vor dem Filter sitzt. Aus diesen Gründen haben die meisten Motoren ein separates Getriebegehäuse, das mit einem speziellen Getriebeöl gefüllt ist.

Ascheablagerungen auf Zündkerzen können schwerwiegende Folgen haben, wie diese Bilder eindeutig zeigen. Wenn sich der Motor erwärmt, halten die Ablagerungen die Wärme zurück und werden rotglühend. Damit kommt es zur Vorzündung, und der Kolben, der für diese sehr hohen Temperaturen nicht ausgelegt ist, brennt direkt unterhalb der jeweiligen Kerze durch.

4.6 Qualitätsanforderungen

4.6.1 API-Vorschriften

Die ersten Qualitätsvorschriften wurden in den USA aufgestellt, wo zuerst vom Amerikanischen Erdölinstitut (Americal Petroleum Institute API) Öle in Klassen eingeteilt wurden. Die grundlegende Einteilung ist natürlich die in Öle für Diesel- und für Ottomotoren, gekennzeichnet mit einem „C" (compression ignition = Kompressionszündung oder, wie es laut DIN so schön heißt, Verdichtungsentflammung) bzw. einem „S" (spark ignition = Funkenzündung). Bei der Prüfung befindet sich das Öl in einem Spezialmotor, mit dem reale Fahrbedingungen wie z. B. kurze Fahrten nach Kaltstart simuliert werden. Bei ausreichender Ölleistung darf der Hersteller auf der Verpackung die Gütekennzeichnung anbringen.

Man sollte sich vor Augen halten, daß damit nur die Erfüllung bestimmter Mindestforderungen bestätigt wird: ein Öl, das es mit Ach und Krach geschafft hat, erhält dieselbe Wertung wie eines, das die Prüfungen mit Bravour besteht. Einzelne Prüfergebnisse werden nicht veröffentlicht, so daß dazu keine Aussagen getroffen werden können. Außerdem wird nicht gesagt, nach wieviel Versuchen die Forderung erfüllt wurde. Beispielsweise hat man ja mehr Vertrauen in ein Produkt, das beim erstenmal besteht, als in ein Öl, das es beim zehnten gerade mal so schafft!

Im Laufe der Jahre stiegen die Qualitätsanforderungen, und das API fügte seiner „S"-Kennzeichnung einen zweiten Buchstaben für Öle in Benzin- und LPG-Motoren nach dem Prinzip „Je später im Alphabet, desto strenger die Vorschrift" zu. Öle, die die Forderungen für Fahrzeuge des Baujahres 1972 erfüllten, wurden mit SE bezeichnet und erwiesen sich über viele Jahre als ausreichend. 1980 wurde sie aber durch die SF-Vorschrift ersetzt. Grund dafür waren die strengeren Abgaswerte, mit denen die Konstruktion der Motoren beeinflußt wurde, was dann zu vielen Motorpannen führte. Außerdem wollten die Motorhersteller angesichts der erfolgreichen Mehrbereichsöle die Abstände zwischen den Ölwechseln vergrößern. Nunmehr waren Prüfmotoren und strengere Prüfungen erforderlich, um zu gewährleisten, daß die neue Generation von Motorenölen den steigenden Ansprüchen der modernen Fahrzeuge entsprach.

Leider vollzogen sich die Veränderungen so schnell, daß die SF-Vorschrift nur von relativ kurzer Dauer war und 1988 von der SG-Norm ersetzt werden mußte.

Damit wurden die Forderungen in drei Bereichen verschärft: Sauberkeit, Oxidationsbeständigkeit und Schutz vor Ventiltriebverschleiß. Schmutz im Motor war immer schon ein Problem, das sich in den letzten Jahren noch zuspitzte. Die Forderung nach gering verbleitem und später bleifreiem Benzin, das immer noch klopffest ist, sowie Änderungen in der Motorkonstruktion führten in manchen Motoren zur Bildung eines Schmutzstoffes, der anschaulich als „schwarzer Schlamm" bezeichnet wurde. Wir werden uns damit genauer im Abschnitt 6 befassen. Öle müssen eine gute Oxidationsbeständigkeit haben, um zu großen Motorverschleiß zu vermeiden. Dafür wurde eine neue Motorprüfung entwickelt. Auch dem Verschleiß des Ventilmechanismus wurde besondere Aufmerksamkeit zuteil, und ein moderner Motor wird in diesem Zusammenhang für die Prüfung von Ölen eingesetzt. Öle, die API SG entsprechen, sollten Verschleiß, Oxidation und Bildung von Schwarzschlamm verhindern können. Das gilt nicht nur für die Motoren nach 1989, sondern auch für ältere Modelle.

Bei Dieseln war alles viel einfacher. Hier befaßte sich das API nur mit amerikanischen Lkw-Motoren. Für Diesel- und Ottomotoren ist nur eine Prüfung entscheidend, und zwar die zur Feststellung, inwieweit der obere Kolbenring dazu neigt, festzukleben oder sich festzufressen. Im neuen API SG-Test ist die älteste dieser Prüfungen auf Ringkleben enthalten und charakterisiert die Leistung von Dieselmotoren nach API CC. Daher erfüllen alle Öle der Klasse API SG die Forderungen nach API SG/CC. Zielt ein Hersteller mit einem Produkt sowohl auf den Markt für Otto- als auch für Dieselmotoren ab, trägt die Verpackung die Bezeichnung SG-CD, und die geforderten Leistungswerte für Diesel sind strenger.

In der letzten Dieselvorschrift des API von 1987 mit der Bezeichnung CE sind immer noch keine Prüfungen für Personenwagen-Diesel vorgesehen. Wiederum wurden Schmierstoffe nach API-CE nur für amerikanische Lkw-Diesel definiert.

4.6.2 Herstellervorschriften

Bald nach der Veröffentlichung des Standards API-SF in den USA und seiner Übernahme in Europa durch die Vorschrift CCMC G-2 wurde klar, daß der Schlamm- und Verschleißschutz besonders für europäische Bedingungen nicht ausreichend definiert war. In dieser Situation entwickelten Mercedes und VW neue hohe Leistungsnormen und veröffentlichten Vorschriften wie VW 500.00 und die Mercedes-Vorschrift 226.3 und 226.5

Hauptsorge der meisten Hersteller in Europa war das verstärkte Auftreten von Schlamm im Motor im Zusammenhang mit veränderten Benzinqualitäten und neuen Magerverbrennungsmotoren mit geringerem Kraftstoffverbrauch.

Mitte der achtziger Jahre nahm der „Schwarzschlamm" besonders in Deutschland epidemische Ausmaße an, nachdem gering verbleite und später bleifreie Benzine eingeführt wurden. Im Gegensatz zu normalen Schlammablagerungen im Motor verfestigte sich der schwarze Schlamm zu einer harten spröden Lackablagerung in der Kipphebelabdeckung. Mit steigender Temperatur wurde diese Ablagerung härter und konnte schließlich abplatzen, Ölleitungen und Filter blockieren und oft schwere Schäden anrichten.

Zunehmende Fälle von Verschlammung in den USA veranlaßten Ford und GM, die Entwicklung eines neuen Öl-Standards voranzutreiben, der jetzt mit API SG vorliegt.

Wiederum führten die Anforderungen an Öle für Turbodiesel in Personenwagen die Firma VW im Jahre 1982 dazu, eigene Prüfvorschriften für diese Öle zu erstellen. Besondere Beachtung fand das Problem des Ringklebens, da dies in der Vorschrift API CD nicht ausreichend berücksichtigt war. Seither wird die VW-Norm 505.00 für Turbodiesel verwendet.

Andere, in den achtziger Jahren auftretende Probleme waren die starke Verschmutzung der Einlaßventile und ein neues Phänomen: das Verkoken von Turboladern. Den Problemen des Verkokens in Turboladern von Ottomotoren widmeten sich mehrere Motorhersteller, insbesondere SAAB. Castrol entwickelte mit einer Prüfung in einem SAAB 900 Turbo Motorenöle mit einer hohen Beständigkeit gegen Verkoken des Turboladers.

Im Juni 1988 veröffentlichte Mercedes-Benz erneut eine Liste der empfohlenen Motoröle, die jetzt nicht mehr sechshundert Ölmarken und -sorten, sondern nur noch einige Dutzend enthielt. Diese Liste trägt die Nummer 226.5.

Die neueste API SG-Vorschrift ist unzureichend, um auch in Europa dem Schwarzschlamm und Nockenwellenverschleiß entgegenzuwirken.

4.6.3 CCMC-Vorschriften

Die Buchstaben CCMC, die wir schon mehrmals erwähnten, stehen für Comité des Constructeurs d'Automobiles du Marche Commun oder Verband der EG-Fahrzeughersteller. Wie der Name besagt, handelt es sich um eine Vereinigung, über die europäische Motorhersteller Ideen austauschen, abgestimmt handeln und Normen festlegen können (beschrieben im Abschnitt 4.3.6). Ist ein Problem als allgemeingültig festgestellt, werden Verfahren und Vorschriften zu seiner Überwindung erarbeitet.

Seit 1975 werden CCMC-Ölvorschriften veröffentlicht, die im wesentlichen 1984 und 1989 aktualisiert wurden. Diese Vorschriften enthalten die Hauptanforderungen der Mitgliedsfirmen wie Mercedes und VW.

Im allgemeinen kombinieren diese Vorschriften die API-Standards mit den speziell für den europäischen Automobilbau geltenden Ansprüchen, wo höhere Drehzahlen und kleinere Motoren andere Anforderungen an die Schmierung stellen.

Bei Ottomotoren begannen die Normen mit G-1, was etwa API SE entspricht, und wurden bis heute bis zu G-4 (API SG) und G-5 weiterentwickelt. Die CCMC-Norm G-5 ist speziell für europäische Anforderungen erstellt und definiert ein „leichtlaufendes" Motorenöl mit einer Mehrbereichs-Viskosität von 5W-X oder 10W-X, das sich für alle Jahreszeiten eignet. Für ein solches Öl sind sehr strenge Grenzwerte für den Verdampfungsverlust bzw. die Flüchtigkeit bei hohen Temperaturen festgelegt, um einen hohen Ölverbrauch im Betrieb zu vermeiden. Wesentliche Elemente der neuen Normen CCMC G-4 und G-5 sind hohe Scherstabilität, große Beständigkeit gegenüber Hochtemperaturoxidation und schwarzem Schlamm, ausgezeichneter Schutz gegen Ventiltriebverschleiß, Verträglichkeit mit Elastomer-Dichtungen sowie geringer Verdampfungsverlust.

Im Ergebnis ersetzen die neuen Normen CCMC G-4 und G-5 die bisherigen Vorschriften G-2 und G-3, und die alte Vorschrift G-1 wurde aufgegeben.

Für Dieselmotoren in Personenwagen gilt mit der CCMC PD-2 eine einzigartige Norm als Weiterentwicklung der VW-Norm VW 505.00. Sie enthält Forderungen für die Sauberkeit und das Kolbenringkleben auf der Grundlage eines VW-Tests an einem 1,6er Turbodiesel sowie für die Ölverdickung, die man bei direkt eingespritzten Dieseln antrifft.

Mit CCMC D-4 und D-5 stehen jetzt Normen für Hochleistungsdiesel zur Verfügung. Sie beinhalten Forderungen für das Glätten von Zylinderbohrungen und für die Sauberkeit der Kolben, die in US-Vorschriften nicht vorkommen.

Von den Automobilherstellern wurde beschlossen, alle bestehenden Prüfungen, die sich auf gemeinsame Probleme beziehen, in den neuesten CCMC-Qualitätsvorschriften zusammenzufassen. Diese gelten ab April 1989.

Für Benzinmotoren gab es bereits drei Klassen: G1, G2 und G3. Jetzt kommen G4 und G5 dazu.

Die G4-Vorschriften umfassen alle Forderungen nach G1, G2 und API SG sowie zusätzlich die Prüfungen auf schwarzen Schlamm und Nockenwellenverschleiß von Mercedes, Peugeot und VW. Außerdem werden strengere

Anforderungen an die Kompatibilität von Ölen und Dichtringen formuliert.

Die G5-Vorschriften umfassen die Forderungen nach G4 und API SG sowie alle anderen europäischen Vorschriften, die bereits erwähnt wurden. Öle, die CCMC G5 entsprechen sollen, müssen wesentlich höheren Forderungen genügen als G4-Öle. Bei G5-Ölen geht es um die Viskositäten 5W-Y und 10W-Y, also um Öle, die bei niedrigen Temperaturen schnell zirkulieren. Diese Öle müssen eine ausgezeichnete Scher- und Verdampfungsbeständigkeit aufweisen, um den Ölverbrauch bei hohen Drehzahlen und Öltemperaturen auf ein Minimum zu beschränken.

Auch für Öle in Pkw-Dieseln wurden die Vorschriften verschärft. Hier ersetzen die neuen PD2-Vorschriften die bisherigen nach PD1. Vor allem bei Dieselmotoren mit Turbolader wird das Öl durch Rußpartikel stark verunreinigt. Damit wird das Öl dicker, was zu Schmierproblemen beim Kaltstart führt. Besonders die Schmierung der obenliegenden Nockenwelle ist gefährdet.

Auf die neuen CCMC-Vorschriften D4 und D5 soll hier nicht eingegangen werden. Nur so viel: Sie sind die europäische Antwort auf die 1987 publizierten Vorschriften API CE, die für die Motorenhersteller in Europa wenig hilfreich waren. Ab Januar 1990 sind die alten CCMC-Bezeichnungen weggefallen, und es gelten nur noch die Vorschriften G4, G5 und PD2.

4.6.4 JAMA-Vorschriften

Von den japanischen Automobilherstellern werden gegenwärtig gemeinsame Anforderungen an Schmieröle formuliert. Angesichts der niedrigen Öltemperaturen und Drehzahlen im Stadt- und Kolonnenverkehr ist es schwierig, dem Nockenwellenverschleiß entgegenzuwirken. Deshalb entwickelten die Hersteller eigene Prüfverfahren zur Bestimmung der unterschiedlichen Ölqualitäten. Bei Castrol wurden die Nissan- und Toyota-Prüfungen eingeführt, um dafür zu sorgen, daß die Öle auch unter diesen schwierigen Fahrbedingungen den Nockenwellenverschleiß verhindern.

4.7 Aktion oder Reaktion?

Der schnelle Fortschritt der Technik einerseits und die praktischen kommerziellen Erfordernisse andererseits sind nicht leicht miteinander in Einklang zu bringen. Im Grunde gibt es zwei Wege. Normalerweise wartet man, bis ein Problem in Fahrzeugen auftritt und dazu eine Vorschrift erarbeitet wird, um dann entsprechende Öle zu entwickeln. Die Alternative ist, vorausschauend zu handeln und die Ölqualität

in Erwartung auftretender Motorprobleme zu verbessern.

Natürlich ist der Weg der Reaktion billiger und weniger riskant, aber das aktive Herangehen ist zweifellos besser. Die Geschichte der Ölvorschriften zeigt besonders seit 1980, welche ernsten Probleme auftraten und daß mitunter Motoren vollkommen neu konstruiert werden mußten, weil die vorhandenen Öle nicht den Anforderungen an die Schmierung entsprachen.

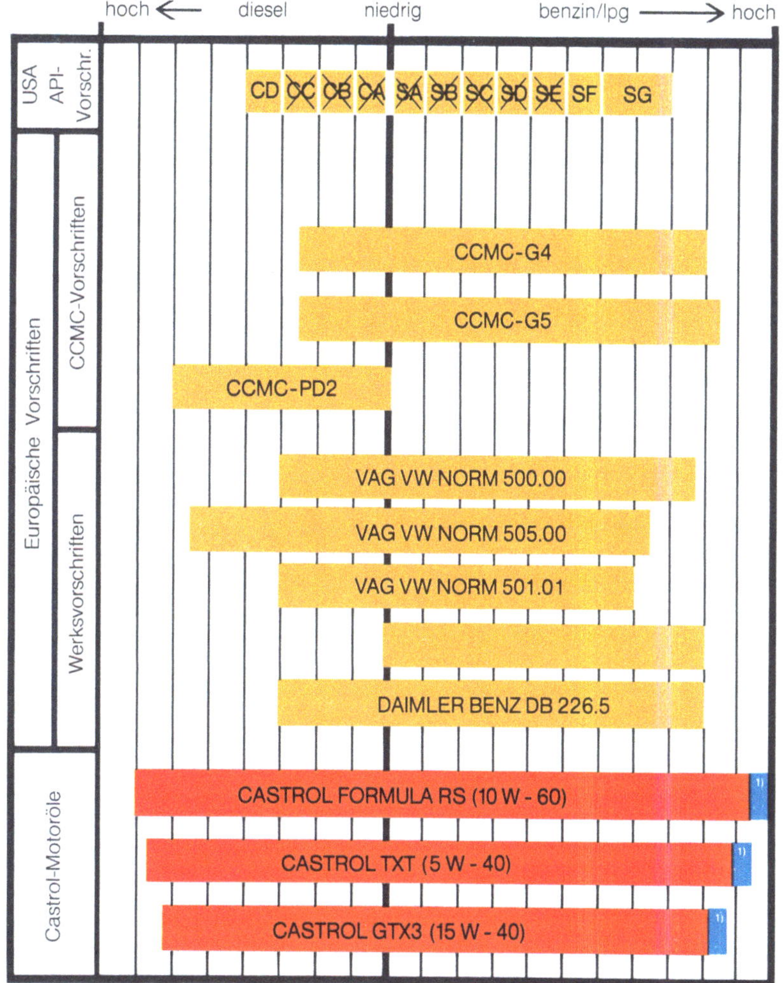

Die vielen Qualitätsnormen für Motorenöle lassen sich nur schwer miteinander vergleichen. Ist eine Prüfung auf Nockenwellenverschleiß schärfer als auf Schwarzschlamm? Mit diesem Balkendiagramm soll aber ein ungefährer Überblick gegeben werden. Die neuesten CCMC-Vorschriften werden von fast allen europäischen und amerikanischen Automobilherstellern anerkannt. Aus Japan kommen sehr strenge Prüfungen auf Nockenwellenverschleiß. Dabei werden die Bedingungen bei niedriger Öltemperatur und niedrigen Drehzahlen simuliert.

Daraus läßt sich eine sehr einfache Schlußfolgerung ziehen: die Existenz einer Ölvorschrift ist an sich noch keine Garantie gegen solche Probleme wie Verschleiß oder Verschmutzung.

Castrol handelte immer nach der Devise: Vorbeugen besser als Heilen!

Langfristig ist das immer billiger für den Verbraucher. Die zusätzlichen Kosten für ein paar Liter Hochleistungsöl ein- oder zweimal im Jahr sind nichts gegen den Preis für eine komplette Überholung des Motors!

Daher ist das aktive Herangehen die einzig vernünftige Antwort. Das funktioniert aber nicht im luftleeren Raum: es erfordert den regelmäßigen Kontakt mit Herstellern und Wartungsfirmen, so daß möglichst frühzeitig neue Informationen in die Entwicklung von Ölen einfließen können. Der Lohn der Ölhersteller für diese Anstrengungen liegt auf der Hand: jedesmal, wenn ein neues Problem auftrat, hatten sie ein Öl als Antwort darauf parat. Am deutlichsten wurde dies beim schwarzen Schlamm, als Qualitätsunterschiede der vorhandenen Öle klar hervortraten. Von einigen Motorherstellern werden sogar nur Öle vorgeschrieben, die CCMC G5/PD2 entsprechen.

4.8 Autohersteller

Genauso wie Ölhersteller können Motorhersteller in zwei Arten eingeteilt werden: jene, die fremde Vorschriften (und oft alte!) verwenden, und jene, die ihre eigenen entwickeln. Manchmal hört man, daß Hersteller, die auf Spitzenölen bestehen, schlechte Motoren produzieren, da ein guter Motor mit jedem Öl läuft. Das ist ein gefährlicher Schluß, und wer so denkt, vergißt völlig, daß viele Probleme überhaupt nichts mit der Konstruktion des Motors zu tun haben.

Unter europäischen Bedingungen ist es ratsam, nur Öle höchster Qualität einzusetzen, die vorzugsweise von einem zukunftsorientierten Hersteller stammen sollten. Das ist die einzig sichere Möglichkeit, den Motor vor einem vorzeitigen Austausch mit all den teuren Folgen zu bewahren.

In dieser Stufengraphik ist die Entwicklung der Qualitätsvorschriften für Schmieröle in Benzinmotoren dargestellt. Die rote Linie zeigt, wo Probleme auftraten. Eindeutig hinken die Vorschriften jedesmal hinter der Realität her. Durch den intensiven Kolonnen- und Stadtverkehr nehmen die Probleme des Nockenwellenverschleißes zu. Von japanischen Herstellern wurden spezielle Prüfungen für diese Bedingungen entwickelt.

Literaturübersicht

AMT 44 (1984) 1: Motoröl-Analyse: Richtige Probenahme ist sehr wichtig.

AMT 44 (1984) 6: Europäische Anforderungen an Motoröl jetzt härter als amerikanische.

AMT 47 (1987) 11: Vorschriften für Schmieröle: Das große Durcheinander.

AMT 48 (1988) 7: Anforderungen an Schmieröle weiter verschärft.

AMT 49 (1989) 7/8: Schmierölvorschriften in Europa erneut verschärft.

5 Entwicklung der neuen Öltechnik

5.1 Die Gründe

Änderungen in einem der vier folgenden Bereiche können Anstoß zur Entwicklung eines neuen Motorenöls sein:
- Motorkonstruktion,
- Fahrzeugnutzung,
- Umweltgesetze,
- chemische Technik.

5.1.1 Motorenkonstruktion

Neue Materialien, neue Behandlungsformen für Materialien oder neue technische Entwicklungen können die Entwicklung neuer Schmierstoffe erfordern. Steigende Öltemperaturen stellen neue Ansprüche an das Basisöl oder erfordern weitergehende Korrosionsschutzmaßnahmen. Konstruktive Änderungen, die wir im Abschnitt 2 diskutierten, zogen zwangsläufig spezielle Mehrbereichsöle mit ausgezeichneter Filmhaltung und Reinigung nach sich.

5.1.2 Fahrzeugnutzung

Der moderne Personenwagen ist zu einem Haushaltgegenstand wie jeder andere geworden, den man nach Belieben ein- und ausschaltet. Die vielen Kurzfahrten, für die heutige Autos benutzt werden, sind von Natur aus schlecht für den Motor. Dem kann nur ein Öl mit niedrigen Winter-Viskositäten entgegenwirken, das den Verschleiß auf ein Mindestmaß begrenzt, indem alle Teile möglichst schnell nach dem Start geschmiert werden. Dazu gehört auch die Schaffung spezieller verschleißmindernder Additive zum Schutz des Ventiltriebs. Überdies stellt der unpopulärste Aspekt heutigen Fahrens, der Stau, hohe Ansprüche an das Motorenöl, da hier die Temperaturen, wenn nicht sogar die Temperamente bis zum Siedepunkt steigen! Durch das häufige Anfahren und Anhalten im Stadtverkehr kann der Brennraum verschmutzen. Werden Wohnwagen gezogen oder lange Strecken mit hoher Geschwindigkeit gefahren, kann die Öltemperatur ebenfalls steigen, so daß sich in Staus oder im Stadtverkehr gebildete Ablagerungen verdicken und eine harte Schicht bilden können. Selbst die Einführung von Höchstgeschwindigkeiten kann die Ölentwicklung beeinflussen, weil Verkehrstaus zunehmen und somit die durchschnittlichen Öltemperaturen weiter ansteigen.

5.1.3 Umweltgesetze

Motoren setzen Schadstoffe nicht nur aus dem Auspuff, sondern auch aus dem Kraftstofftank und dem Kurbelgehäuse frei. Daher sind heute Entlüftungen sowohl für den Tank als auch für die Kurbelwanne an das Ansaugsystem angeschlossen, damit Emissionen zusammen mit dem Kraftstoff verbrannt werden. In den Emissionen der Kurbelwanne ist immer eine bestimmte Ölmenge enthalten, die die Ventile verschmutzen kann. Dem Motorenöl zugesetzte Stoffe dürfen diesen Vorgang nicht unterstützen.

Damit bleibt nur noch der Auspuff, der im Hinblick auf seinen gefährlichen Schadstoffausstoß heutzutage heiß umstritten ist. Eine Lösung bietet der Dreiwegekatalysator (später genauer beschrieben), wobei jedoch Emissionen aus dem Öl, die den Katalysator über den Auspuff erreichen, dessen Funktion nicht beeinträchtigen dürfen.

5.1.4 Chemische Technik

Fortwährend werden neue Verarbeitungsverfahren für Basisöle entwickelt, was die Schaffung und Anwendung neuer Additive erfordert. Auch die Hersteller von Additiven dürfen nicht stehenbleiben, denn ständig werden neue und bessere Produkte gefordert.

5.2 Kooperation

Bevor ein neues Öl auf den Markt kommt, muß eine immense Arbeit geleistet werden. Die Fahrzeughersteller in Europa, Japan und den USA haben ihre eigenen Organisationen – CCMC, JAMA bzw. MVMA. Inzwischen besteht zwischen ihnen eine recht enge Kooperation aufgrund des internationalen Charakters des Automobilbaus und seiner Probleme.

Natürlich beeinflussen Entscheidungen der Hersteller zur Motorkonstruktion die Entwicklung von Motorenölen. Wie im vorigen Abschnitt gezeigt, war dies auch bei der Entwicklung der CCMC-Vorschriften so. In den USA vollzog sich ähnliches, wo der Druck seitens der Hersteller das API zwang, seine SG-Vorschrift gegen Motorverschmutzung und -verschleiß einzuführen.

Die Zusammenarbeit der japanischen Motorhersteller ist noch nicht so weit gediehen wie in Europa, aber das ist nur eine Frage der Zeit. Daß die Japaner Entwicklungsstätten in Europa und Amerika aufbauen, zeigt ihren Bedarf an genauen Informationen über die Bedingungen, unter denen ihre Motoren arbeiten müssen.
Wird ein neues Öl gebraucht, müssen also Ölhersteller, Lieferanten von Additiven und Motorhersteller zusammenarbeiten. Die Initiative zur Entwicklung eines neuen Öls kann von jedem ergriffen werden, wie im vorigen Abschnitt beschrieben wurde. Manchmal können natürlich Ölhersteller eigenständig handeln, so wie Castrol bei der Entwicklung von biologisch abbaubaren Zweitakter-Ölen für

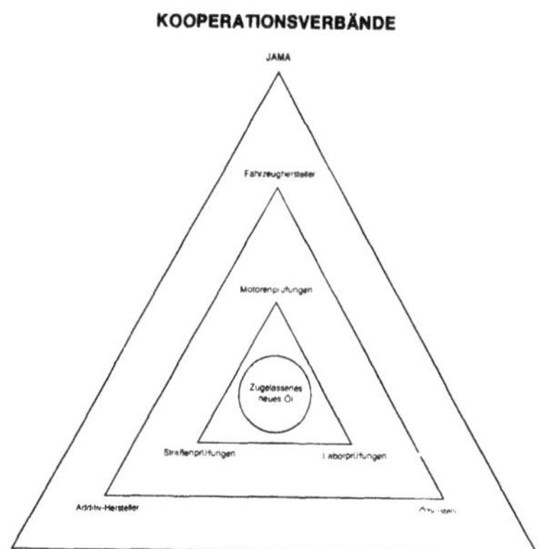

Die Organisationen der europäischen, amerikanischen und japanischen Fahrzeughersteller heißen CCMC, MVMA und JAMA. Ihre Hauptaufgabe ist die Standardisierung der Fahrzeugkonstruktion, wozu aber auch die Veröffentlichung von Ölvorschriften gehört. Daher ist eine enge Kooperation zwischen diesen Organisationen, Additiv- und Ölherstellern erforderlich, damit jedes neue Öl von allen Herstellern akzeptiert wird. Danach muß das neue Öl umfangreiche Prüfungen über sich ergehen lassen, bis es schließlich für den allgemeinen Einsatz zugelassen wird.

Außenbord- und Zweiradmotoren und später mit der Entwicklung von „katalysatorfreundlichen" Ölen.

Ganz gleich wer die Initiative ergreift, die drei Organisationen müssen sich dann mit den drei Ebenen der Prüfungen befassen: im Labor, im Prüfmotor und auf der Straße. Natürlich wird man möglichst bestehende Vorschriften nutzen, es kann aber auch notwendig sein, völlig neue Prüfverfahren zu entwickeln.

Nur wenn alle Prüfungen, einschließlich aller neuen, abgeschlossen sind, kann ein Öl für den allgemeinen Markt freigegeben werden. Häufig werden neu entwickelte Prüfungen nicht von allen maßgeblichen Institutionen anerkannt, und es kann Jahre dauern, bis sie international eingeführt und Teil einer API- oder CCMC-Vorschrift geworden sind. Auf diesem Gebiet eine Vorreiterrolle zu spielen, hat also auch Nachteile, besonders im Hinblick auf die unmittelbaren Kosten. Spezialhersteller von Schmierölen wissen jedoch, daß Investitionen in neue Techniken sich langfristig auszahlen.

5.3 Katalysatorfreundliche Öle

Mit dem Aufkommen des Katalysators in Europa stand Castrol vor der Aufgabe, ein Motorenöl zu schaffen, das den Katalysator unter europäischen Bedingungen nicht beeinträchtigt. Schon seit Jahren wurden Katalysatoren in den USA und Japan eingesetzt, und es wurde schnell deutlich, daß sich ihre Wirkung durch bestimmte Stoffe im Abgas rapide verschlechterte. Speziell einige Schmieröle konnten den Katalysator regelrecht zersetzen. In Japan hatte man katalysatorfreundliche Öle entwickelt, die unter europäischen Fahrbedingungen aber nicht eingesetzt werden konnten. Die Gründe dafür werden später erläutert.

5.3.1 Der Katalysator

Ein Katalysator entspricht etwa einer chemischen Miniaturanlage, die Abgasschadstoffe in weniger schädliche Gase bei Temperaturen zwischen 350 °C und 850 °C umwandelt. Um effektiv zu arbeiten, benötigt er ununterbrochen Sauerstoff, der mit den Abgasen gemischt wird. Daher ist direkt vor dem Katalysator eine Sauerstoffsonde für die notwendige Kontrolle angebracht. Die korrekte Bezeichnung des „Kats" lautet „geregelter Dreiwegekatalysator". Diesen Zungenbrecher wollen wir im weiteren Text vermeiden und nur vom Katalysator sprechen, wobei dieser Begriff auch die katalytischen Edelmetalle einschließt, die er enthält.

Heutzutage hat man meist schon davon gehört, daß Blei den Katalysator zersetzt; das war der eigentliche Grund für die Einführung von bleifreiem Benzin. Es gibt aber auch andere Stoffe, die Katalysatoren beschädigen. Deshalb absolvierte Castrol in Zusammenarbeit mit Johnson Mattey, einem der weltweit führenden Hersteller von Fahrzeugkatalysatoren, ein umfangreiches Forschungsprogramm.

5.3.2 Phosphor

Schon lange war es kein Geheimnis, daß Phosphor und Zink sowohl die Katalysatormaterialien als auch die Sauerstoffsonde angreifen können, aber Ausmaß dieser Schädigung und Bedingungen, unter denen sie auftrat, waren kaum bekannt und können zudem von anderen Aspekten wie der Motorenkonstruktion und den Fahrbedingungen verschleiert werden. Tatsächliche Prüfungen in Fahrzeugen erschienen viel zu kompliziert. Also entschied sich Castrol für sechs kleine Prüfstände mit je einem Einzylindermotor und einem Katalysator im Abgasweg. Die Sümpfe jedes Prüfstands wurden mit einem anderen Öl gefüllt, und in Absprache mit Johnson Mattey wurde ein Prüfzyklus erarbeitet, der einer Straßenlaufleistung von 80.000 km entsprach. Jede Prü-

fung dauerte 300 Stunden, in deren Verlauf die Katalysatoren gründlich untersucht wurden. Deutlich festgestellt wurden die negativen Folgen von Phosphor. Seit Jahren sind in Japan Öle mit niedrigem Phosphorgehalt die Norm, um den Katalysator zu schützen. Die Prüfstände mit je einem Zylinder waren eine eng angelehnte Nachbildung kompletter Motoren, und die Mini-Katalysatoren funktionierten normal.

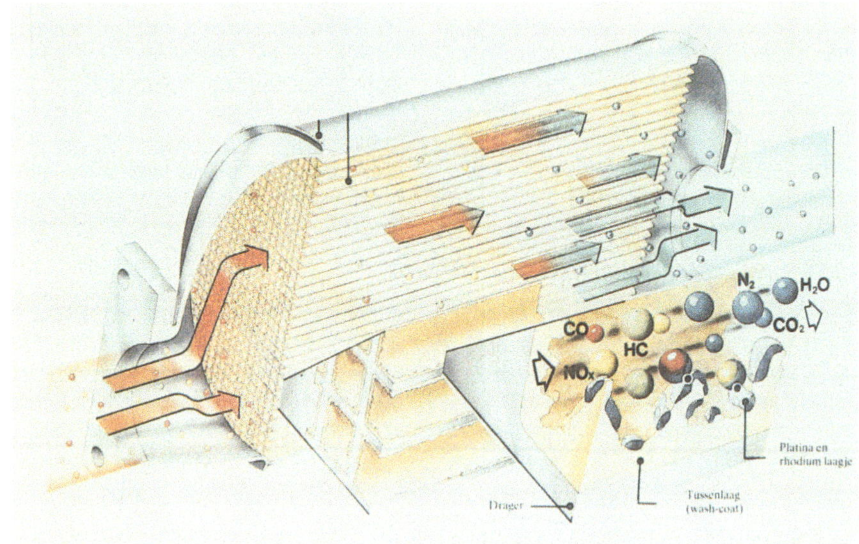

Drei chemische Prozesse laufen in einem Katalysator bei hohen Temperaturen ab, daher der Name „Dreiwegekatalysator". Gesteuert von einer Sauerstoffsonde, wandelt der Katalysator drei umweltschädliche Gase in relativ schadlose um: Kohlenmonoxid (CO), Stickoxide (NO_x und eine Reihe Kohlenwasserstoffe (CH) werden zu Kohlendioxid (CO_2), Wasser (H_2O) und Stickstoff (N_2) durch Zugabe (Oxidation) oder Entfernen (Reduktion) von Sauerstoff umgewandelt. Die Katalysatorstoffe - Platin, Rhodium und Palladium - werden in der Reaktion nicht verbraucht (Das Bild wurde freundlicherweise von Volkswagen zur Verfügung gestellt).

Benzin

Marke	Superbenzin Oktanzahl	Benzen	MTBE	Blei	Euro Bleifrei Oktanzahl	Benzen	MTBE	Schwefel	Normalbenzin Oktanzahl	Benzen	MTBE	Schwefel
	MON	%	%	mg/l	MON	%	%	mg/kg	MON	%	%	mg/kg
ARAL	88,4	1,7	1,7	114	84,9	1,7	2,9	280				
AVIA	88,5	2,3	1,1	120	84,5	1,9	2,8	255				
BP	88,7	2,1	1,5	123	85,1	1,8	6,1	265	84,8	2,0	5,3	275
ELF	88,2	2,2	1,2	122	84,6	2,0	3,9	290	83,6	1,6	3,6	455
ESSO	88,7	0,6	7,9	128	85,5	0,4	6,3	40	85,7	0,4	6,3	45
FINA	88,5	2,7	3,8	122	85,8	3,9	1,9	195				
MOBIL	88,4	3,1	4,6	130	85,6	3,9	2,3	200	85,6	3,7	3,2	185
Q 8	89,4	3,0	0,5	116	86,2	2,9	1,9	<10				
SHELL	89,0	1,6	0,3	110	85,0	1,7	0,3	270[1]	81,8	1,3	<0,1	635
TEXACO	88,8	3,6	2,9	146	85,3	3,6	2,4	260				
TOTAL	88,8	1,8	1,3	114	85,7	2,3	1,6	220				
WITTE POMP 1	89,4	2,8	0,3	120	86,5	2,8	0,8	<10				
WITTE POMP 2	88,6	1,9	1,5	115	85,0	1,6	1,2	285				

1) Nach Herstellerangaben seit 1. März 1989 maximal 100 mg/kg

Die Zusammensetzung von Kraftstoffen ist großen Veränderungen unterworfen. Anfang 1989 entsprachen die Benzinqualitäten der obigen Tabelle. Normalbenzin wird von immer weniger Herstellern angeboten, dagegen ist bleifreies Super im Vormarsch. Dank dem Antiklopfmittel MTBE läßt sich die Klopffestigkeit des Benzins auf denselben Wert wie bei verbleitem Super steigern. Benzen ist unerwünscht und darf daher nur in geringen Mengen enthalten sein. Bei Katalysatorfahrzeugen führt Schwefel zu einem Geruch von faulen Eiern. Je geringer sein Anteil, um so besser.

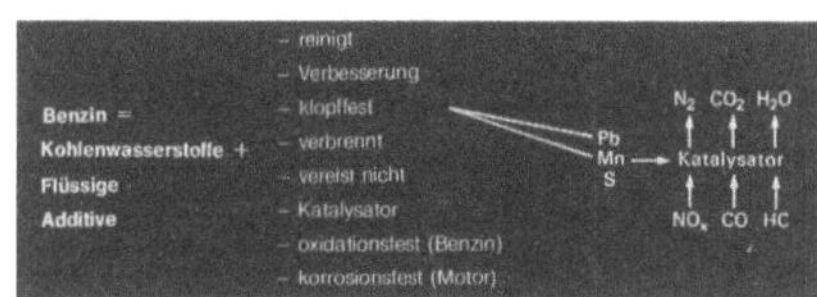

Was wir als Benzin oder volkstümlich als „Sprit" bezeichnen, ist keine einheitliche Substanz, sondern eine Mischung aus flüssigen Kohlenwasserstoffen und einer Reihe von Additiven, die jeweils ihre eigenen Merkmale haben, wie im Bild dargestellt ist. Mit dem Aufkommen des Katalysators mußten Blei (Pb) und Mangan (Mn) aus Motorkraftstoffen entfernt werden.

Es wurden auch die Bedingungen ermittelt, unter denen die Schäden am stärksten waren. Dabei waren geringe Abgastemperaturen für die Schmierwirkung am schädlichsten. Damit wurde wieder einmal unterstrichen, daß kurze Fahrten die meisten Probleme hervorrufen. Wie wir jedoch wissen, sind kurze Fahrten in Europa die Norm, also mußte dieser Frage besondere Aufmerksamkeit gewidmet werden. Festgestellt wurde, daß auch die Art der Verbrennung des Öls wichtig ist. Verbrennt es hinter den Kolbenringen, können Zink und Phosphor selektiv freigesetzt werden, mehr als bei undichten Ventilspindeln.

Alles in allem führte dies dazu, daß Castrol eine völlig neue Öltechnik entwickeln mußte, denn es war unmöglich, Phosphor kurzerhand genauso aus dem Öl zu entfernen wie Blei aus Benzin. So einfach ist das nicht, wie wir im nächsten Abschnitt sehen werden.

5.3.3 Oxidation und Verschleiß

Phosphor kann nicht einfach aus dem Öl entfernt werden, denn er ist ein wichtiger

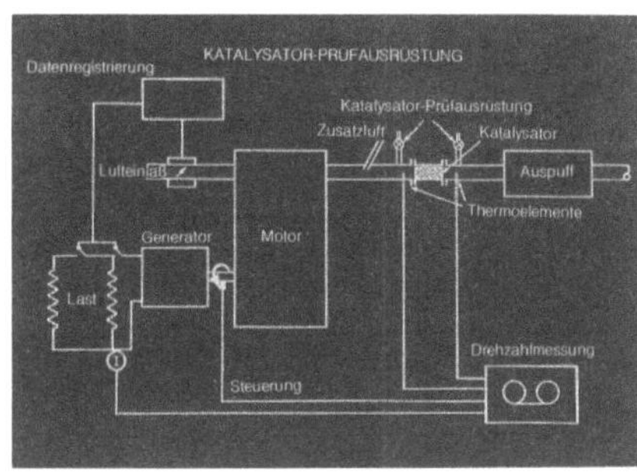

Zum Prüfstand von Castrol gehören kleine Einzylindermotoren. Der Abgasgehalt wird durch Luftzufuhr vor dem Katalysator eingestellt, denn bei diesem Motortyp kann das Gemisch nicht geregelt werden. Die Last auf den Motor kommt von einer elektrischen Bremse, die Abgastemperaturen vor und nach dem Katalysator werden mit Thermoelementen gemessen und automatisch zusammen mit der Motordrehzahl registriert.

Bestandteil von verschleiß- und auch von oxidationsmindernden Additiven. Bereits erwähnt wurde die Zink-Phosphor-Schwefel-Verbindung ZDDP. Diese zu entfernen, hieße die Öloxidation und den Verschleiß in die Höhe zu treiben. Öle für den japanischen und amerikanischen Einsatz hatten einen niedrigeren Phosphorgehalt als in Europa, aber das war nur möglich, weil die thermische und mechanische Beanspruchung insgesamt niedriger liegt. Ähnliche Öle wurden auch in Australien eingesetzt.

Angesichts neuer Forderungen in Europa mußte Castrol ein großes F/E-Programm ins Leben rufen, mit dem eine neue Technik analysiert und entwickelt werden sollte. Als dann die grundsätzliche Möglichkeit feststand, modifizierte Phosphoröle zu entwickeln, mit denen die

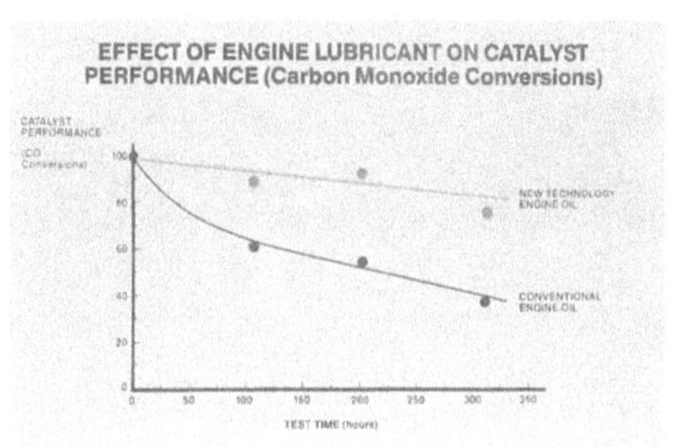

Die Auswirkung von Phosphor auf die Katalysatorleistung geht aus diesem Vergleich zwischen einem neu entwickelten Castrol-Öl und einem konventionellen Schmierstoff klar hervor. Auf der Ordinate ist die Leistung des Katalysators bei der Umwandlung von Kohlenmonoxid mit 100 als Maximum aufgetragen. In der 300-stündigen Prüfung, die 80.000 km auf der Straße entspricht, fiel die Leistung des konventionellen Öls um 50%.

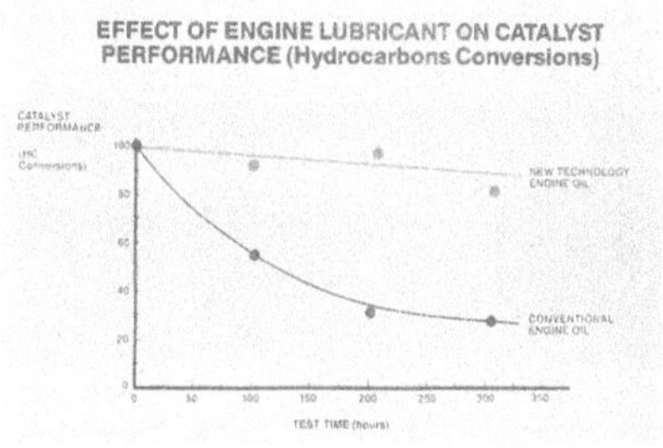

Noch schwerwiegender sind die Auswirkungen von Phosphor auf die Katalysatorleistung bei der Umwandlung von unverbrannten Kohlenwasserstoffen zu Kohlendioxid und Wasser. Im ersten Drittel der Prüfung sackte die Katalysatorleistung um 50% ab.

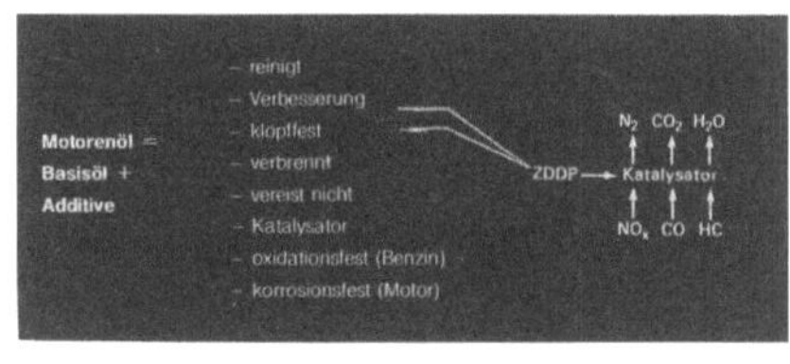

Wie Kraftstoff, so ist auch Motorenöl eine Mischung aus flüssigen Kohlenwasserstoffen und einer Anzahl von Additiven. Ein solches Additiv, ZDDP genannt, enthält Zink (Zn) und Phosphor (P), die beide eine schädigende Wirkung auf Katalysatorstoffe haben.

Der Prüfstand von Castrol (im Schema oben dargestellt).

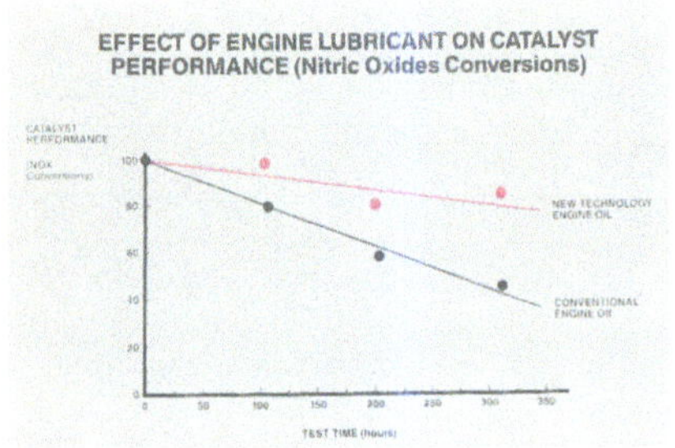

Phosphor hat nicht ganz so schwerwiegende Auswirkungen auf die Umwandlung von Stickoxiden. Dennoch wird deutlich, daß die Katalysatorleistung mit dem verbesserten Öl über längere Zeit besser ist.

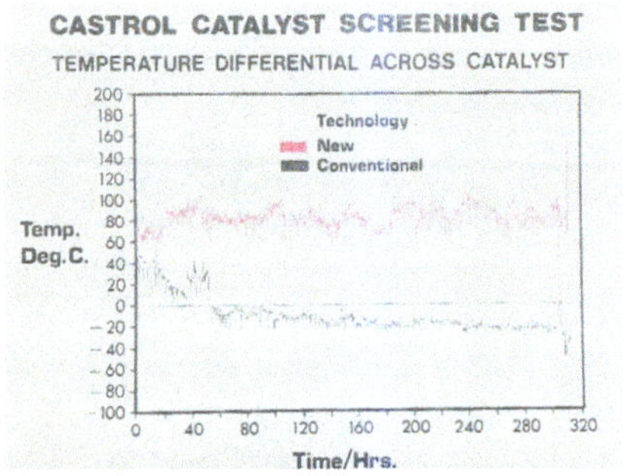

Eine Funktion des Katalysators ist, alle im Abgas verbliebenen Kohlenwasserstoffe zu verbrennen, und dabei steigt die Abgastemperatur. Dieser Temperaturanstieg läßt sich leicht mit zwei Thermoelementen vor und nach dem Katalysator messen, womit seine Leistung kontinuierlich registriert werden kann. Wo die Temperaturdifferenz negativ wird, ist die Katalysatorleistung abgefallen. Im Bild wird dabei der Unterschied zwischen dem konventionellen und dem neuen Öl deutlich.

bare Öloxidation bei Ölwechseln alle 10.000 km.

Mitte der achtziger Jahre führte Castrol die neue Technik in einer großen Produktpalette ein, die Castrol GTX 3 bis hin zu dem teilsynthetischen Produkt Castrol TXT und dem vollsynthetischen Öl Formula R Synthetic umfaßte.

Mit diesen Entwicklungen wurden hohe europäische Qualitätsnormen für den Verschleißschutz und die Scherstabilität begründet, während gleichzeitig der Schutz von Katalysatormaterialien in emissionsregelnden Ausrüstungen verbessert wurde.

Literaturübersicht

AMT 46 (1986) 6: Die Herstellung eines katalysatorfreundlichen Schmieröls ist nicht einfach.

Die wichtige Prüfung auf Kolbenringkleben wird an diesem Turbodieselmotor von VW durchgeführt. Wegen der hohen Kolbentemperaturen und den relativ großen Mengen von Kohlenstoffteilchen im Öl sind Turbodiesel für dieses Problem anfälliger. Sie haben daher in der Regel viel kürzere Ölwechselabstände als Ottomotoren.

strengen Qualitätsforderungen erfüllt werden konnten, verlagerten sich die Prüfungen vom Labor auf die Straße. Praktische Erprobungen in Serienwagen sind die einzige Möglichkeit herauszufinden, wie sich ein Öl verhält. Für das Testprogramm wurden eine Reihe verschiedener Wagen ausgewählt. Von Ricardo wurden in Großbritannien zwei 1,8-Liter-VW Golf geprüft, um die Katalysatorschäden mit dem konventionellen und dem neuen Öl zu messen. In Deutschland liefen vier Mercedes und vier BMW in Langzeitprüfungen. Sieben dieser Fahrzeuge fuhren 100.000 km, und obwohl ein Mercedes einen schweren Unfall hatte, lieferte sein Motor noch nützliche Prüfergebnisse.

Fünf VW Golf wurden außerdem einem ausgedehnten Haltbarkeitsversuch unterzogen.

Die Gesamtergebnisse zeigten einen minimalen Verschleiß und eine minimale Verschmutzung in allen geprüften Motoren und keine erkenn-

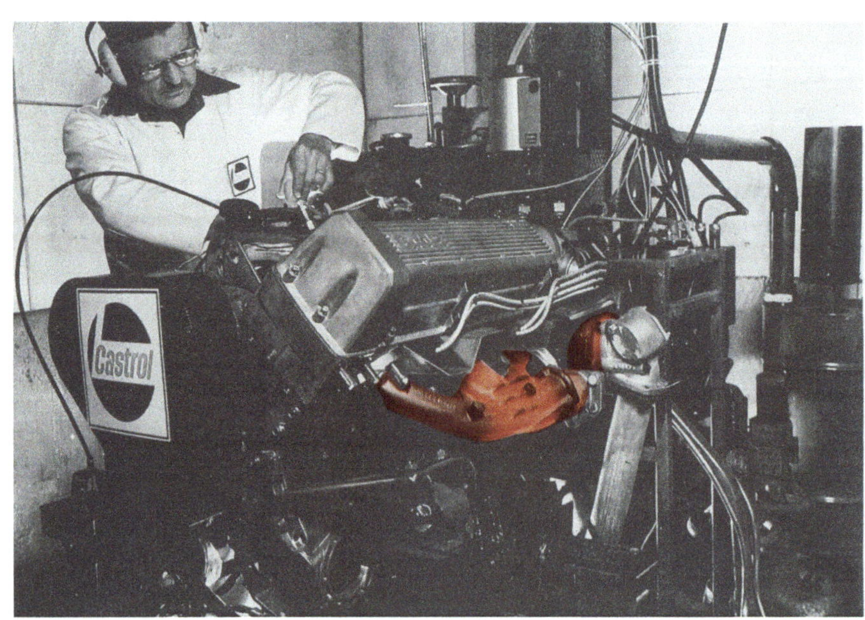

Dieser SAAB 900er Turbo wird von Castrol als Prüfmotor eingesetzt. Die Lager der Turboeinheit können sehr hohe Temperaturen erreichen, und sogar bis auf 300 °C steigen, wenn der Motor nach einem Lauf mit hoher Last abrupt gestoppt wird. Selbst unter diesen Extrembedingungen darf das Prüföl nicht verkoken.

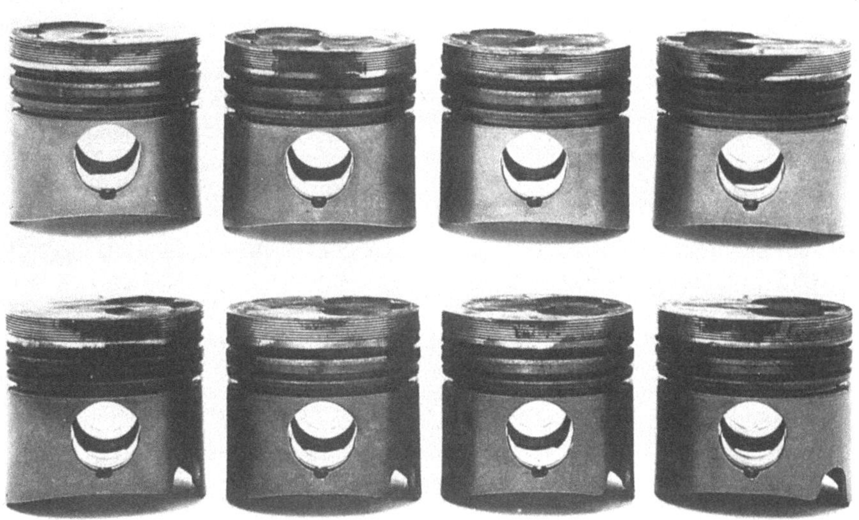

Die Bilder auf dieser Seite zeigen verschiedene Teile eines Turbodiesels von VW nach einer VW-Standardprüfung unter Verwendung des Castrol-Öls Formula RS 5W-50. Die Kolben (oben) sind sauber, besonders die Ringnuten, in denen Ascheablagerungen minimal sind.

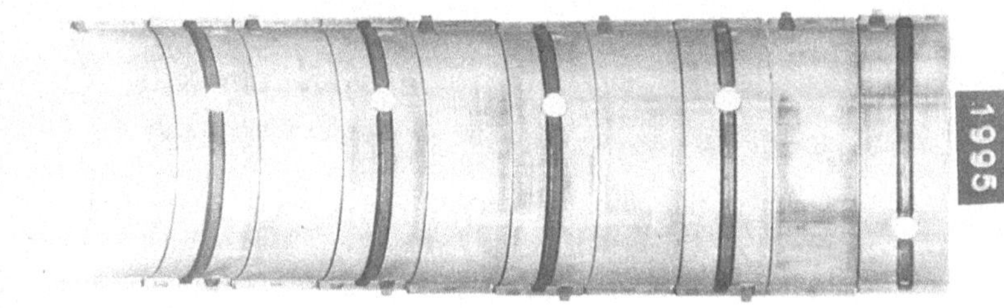

Selbst nach 100.000 km befinden sich Kurbelwellenlager in ausgezeichnetem Zustand.

Selbst die Wanne war vollkommen sauber. Die auf dem Boden sichtbaren Spuren sind lediglich herablaufendes Öl beim Aufrechtstellen für das Foto.

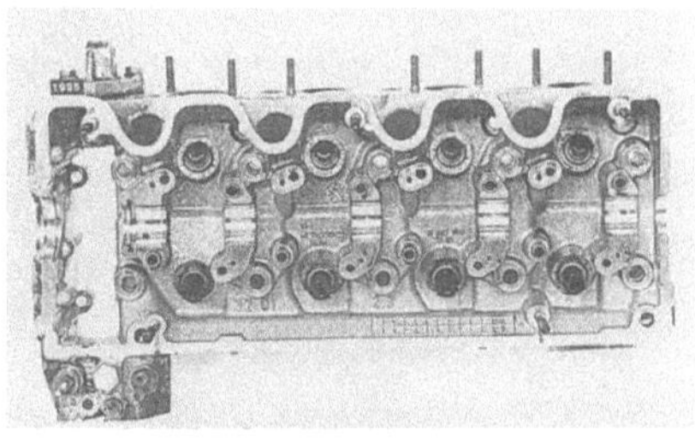

Es gibt praktisch keine Rußablagerungen, die Nuten der Ringe sind frei, und das Spiel ist gegenüber dem Neuzustand unverändert.

In den Zylinderbohrungen sind noch die Honmarken zu sehen, und die schwach erkennbaren vertikalen Linien finden sich nicht auf dem Kolben. Über die gesamte Prüfdauer blieb der Ölverbrauch konstant bei etwa 1 Liter je 8500 km.

Der Zylinderkopf und seine Bestandteile sind praktisch neuwertig. Die Kurbelwellenlager sind in perfektem Zustand, die Ventildichtungen sind noch geschmeidig, und nirgendwo sind Anzeichen von Verschmutzung zu entdecken.

6 Praktische Probleme

In diesem letzten Abschnitt wollen wir uns eingehender mit den praktischen Gründen befassen, weshalb hochqualitative Öle heutzutage so wichtig sind.

6.1 Äußere Einflüsse

Manchmal geschehen Dinge, die wir nicht beeinflussen können, wie z. B. neue Gesetze oder unerwartete Folgen einer bestehenden Technik. Im folgenden sind einige der wichtigsten Beispiele aus jüngerer Zeit dargestellt.

6.1.1 Schwarzer Schlamm

Es gibt kein besseres Exempel als die „Schwarzschlamm-Affaire", um aufzuzeigen, wie unwerwartet ernste Probleme für neue und auch alte Motoren auftreten können. Außerdem zeigt es, wie Spitzenöle solche Probleme abwenden können. Das waren damals schon vorhandene Öle höchster Qualität, die die Normen CCMC G3/PD1 oder G2/PD1 erfüllten, und nicht die seither speziell gegen die Schwarzschlammbildung entwickelten Öle entsprechend den neuen Standards CCMC G4 und G5. All das beweist, wie richtig das alte Sprichwort „Vorbeugen ist besser als Heilen" ist.

Noch weicher schwarzer Schlamm läßt sich durch Spülen des Motors mit Castrol BSR entfernen (Black Sludge Remover).

6.1.2 Entlüftung der Kurbelwanne

Mit der steigenden politischen und gesellschaftlichen Relevanz von Umweltfragen und Lebensqualität wurde die Luftverschmutzung durch Kraftfahrzeuge zu einem wichtigen Anliegen der Hersteller. Ein relativ einfacher Weg, die Verschmutzung zu senken, war zu verhindern, daß Öldünste aus der Kurbelwanne entweichen und in die Atmosphäre gelangen. Dazu verband man die Entlüftung der Kurbelwanne mit dem Lufteinlaß des Motors und verbrannte die Emissionen zusammen mit dem Kraftstoff.

Aber der Wechsel von der offenen zur geschlossenen Kurbelwannen-Entlüftung vollzog sich nicht problemlos. Wenn kein Öl höchster Qualität verwendet wird, können die Dämpfe das Ansaugsystem oder sogar das Entlüftungssystem selbst verschmutzen. Im zweiten Fall kann der Kurbelgehäusedruck ansteigen und Öl austreten lassen. Genauso ist es möglich, daß das Rückschlagventil nicht mehr schließt und Öl direkt in den Motoreinlaß gesaugt wird, was zu hohem Ölverbrauch und starker Verschmutzung des Motors führt.

6.1.3 Katalysatoren

Ebenfalls der Umwelt zuliebe werden immer mehr Fahrzeuge mit Katalysatoren ausgestattet. In naher Zukunft werden voraussichtlich Abgasuntersuchungen an allen Fahrzeugen als Teil der jährlichen Überprüfung der Verkehrstüchtigkeit vorgeschrieben sein. Wie wir sahen, kann Motorenöl Katalysatoren angreifen, was wiederum zeigt, daß nur Spitzenöle verwendet werden sollten. Und obwohl hochqualitative Öle der großen Hersteller heutzutage immer einen niedrigeren Phosphorgehalt haben, geht Castrol davon aus, daß dieser zukünftig noch weiter gesenkt werden muß.

6.2 Technische Faktoren

Während uns äußere Einflüsse mitunter überraschen, haben wir die technische Entwicklung direkt unter Kontrolle. Wie uns der vorhergehende Abschnitt zeigte, ist sie das Ergebnis der Kooperation zwischen Herstellern in den jeweiligen Bereichen. Im folgenden werden einige der bedeutendsten Beispiele beleuchtet.

6.2.1 Verschmutzung des Motors

Motorverschmutzungen müssen nicht immer auf den berüchtigten schwarzen Schlamm zurückzuführen sein: es gibt auch weiße und graue Ablagerungen. Weiße Ablagerungen sind eigentlich Emulsionen, die bei Eintritt von Wasser in das Öl gebildet werden. Oft geschieht das bei kaltem Wetter, wenn das Wasser in der Ventilabdeckung und der Kurbelwannenentlüftung kondensiert. Da diese Emulsion stark wasserhaltig ist, friert sie leicht und hebt die Dichtung der Ventilabdeckung ab, wodurch viel Öl austreten kann. Bei den grauen Ablagerungen handelt es sich um eine klebrige Substanz, die zumeist in Motoren mit obenliegender Nockenwelle anzutreffen ist, die mit bleifreiem Benzin kurze Strecken fahren. Wiederum kann ein Spitzenöl beide Formen der Ablagerung verhindern, denn es ist so aufgebaut, daß der Motor saubergehalten wird.

6.2.2 Nockenverschleiß

Im Abschnitt 4 sahen wir, daß sich Additive in ihrer Wirkung gegenseitig beeinflussen können. Besonders die Reinigungszusätze können verschleißmindernde Additive beeinträchtigen. So muß also ein Öl, das gegen den schwarzen Schlamm wirken soll, gründlich auf seine verschleißmindernden Eigenschaften hin untersucht werden. Ist das verschleißmindernde Additiv neutralisiert, so werden zuerst die Nokken, Stößel und andere Bestandteile des Ventiltriebs davon betroffen. Daher ist eine genaue Balance zwischen den Additiven genauso wichtig wie die Additive selbst, und jeder Ölher-

Dieses entsetzliche Bild zeigt ein Ölsaugkorb, der vollständig durch Schwarzschlammablagerungen blockiert ist. Totaler Schmierverlust und totaler Motorschaden waren die genauso entsetzlichen Folgen! Nicht nur in alten Motoren kann es zu Defekten dieses Ausmaßes kommen, sondern auch in neuen, die kaum 10.000km gelaufen sind.

Schäden der Nockenwelle, wie in diesem Bild gezeigt, können verschiedene Ursachen haben, und eine genaue Diagnose erfordert gründliche Untersuchungen. Leider ist oft eine wichtige Informationsquelle, die Ölanalyse, nicht möglich, weil das Öl vor der Demontage des Motors abgelassen wurde.
In einem Fall wie diesem sollten alle Teile erneuert werden, auch jene, die vermeintlich noch nicht so schwer angegriffen sind. Ratsam ist auch, die Ölpumpe und das Überdruckventil zu überprüfen, denn hier hat sich meist viel Abrieb angesammelt.

steller weiß das. Außerdem muß berücksichtigt werden, daß manche Additive mehrere Aufgaben erfüllen, wie im Abschnitt 5 beschrieben wurde.
Andere Ursachen für den Nockenverschleiß werden unter 6.4 behandelt.

6.2.3 Ölwechselintervalle

Es gibt keinen Automobilhersteller, der das Öl länger als ein Jahr im Motor belassen will. Von manchen Herstellern werden heute zwar trotz der schlechten Erfahrungen mit dem schwarzen Schlamm Ölwechsel alle 20.000 km vorgeschrieben, Voraussetzung ist jedoch, daß ein Spitzenöl verwendet wird, d. h. ein Öl nach CCMC G4/PD2 oder CCMC G5/PD2.

Das eigentliche Problem ist die fehlende Kontrolle. Ein Öl wird in allen möglichen Motoren und unter allen möglichen Bedingungen eingesetzt. Jährlich können einige tausend, aber auch einige zehntausend Kilometer gefahren werden. Manche Motoren fahren ausschließlich kurze Strecken, während anderen kaum Zeit zum Abkühlen bleibt.

Unschwer läßt sich daraus ableiten, daß allgemeine Richtwerte für die Lebensdauer eines Öls nicht gegeben werden können. Und weil die Hersteller im Zweifelsfall lieber zu vorsichtig sind, empfehlen sie Ölwechsel alle 5.000, 10.000

oder 15.000 km. Bei Dieselmotoren mit indirekter Einspritzung sind die Abstände häufig nur halb so lang wie bei Ottomotoren, und das Öl in Motoren, die regelmäßig hart arbeiten müssen – Kurzfahrten bei kaltem Wetter, lange Strecken bei warmen Temperaturen, Fahren mit Hänger usw. – sollte ebenfalls nach der Hälfte des normalen Abstands gewechselt werden. Das gilt auch für bestimmte Öle in der Einlaufphase.

Verschleiß und Verschmutzung lassen sich dadurch vermeiden, daß nur hochwertiges Öl verwendet wird und die empfohlenen Ölwechsel eingehalten werden. Weshalb man diese Abstände beachten muß, wird im Abschnitt 6.6 diskutiert.

6.2.4 Ölverbrauch

Zweifellos wird der Unterschied im Ölverbrauch zwischen einem hochwertigen Mehrbereichsöl und einem normalen Öl groß sein. Oft wird aber nicht gesehen, daß auch Öle, die anscheinend dieselben Vorschriften erfüllen, in der Praxis stark voneinander abweichen können. Wie im Abschnitt 4 erläutert, werden Details zur tatsächlichen Leistung in den einzelnen Prüfungen nie veröffentlicht, und man weiß noch nicht einmal, ob ein bestimmtes Öl allen vorgeschriebenen Prüfungen auch wirklich unterzogen

wurde! Wir stellen erneut fest: der einzig reale Qualitätstest ist die Prüfung auf der Straße.

Normalerweise ist es die Basisölqualität, die zu Problemen im Verbrauch führt. Mitunter sind es aber auch die Viskositätsindexverbesserer, über die mehr unter 6.5.1 zu sagen sein wird.

6.2.5 Hydro-Stößel- und Kolben

Mit diesen Teilen beschäftigten wir uns im Abschnitt 2.4. Dort wurde gezeigt, daß ihre Wirkung durch Luft im Öl beeinträchtigt werden kann, mitunter sogar ernsthaft. Andere durch minderwertige Öle verursachte Probleme sind Korrosion und Lackbildung, also die Ablagerung harziger Substanzen auf Teilen. Durch beide Vorgänge können Hydro-Stößel und -Kolben klebenbleiben und funktionsunfähig werden.

6.3 Probleme infolge des Motors

Einige der auftretenden Probleme werden vom Motor selbst und der Art und Weise seiner Nutzung verursacht. Sie zu kennen, kann viel Ärger ersparen.

6.3.1 Falsches Einfahren

Die meisten wissen, daß man während der ersten paar tausend Kilometer einen neuen Motor nicht zu schnell fahren oder einen Wohnwagen ziehen darf. Die eigentlichen Hintergründe des Einfahrvorgangs bleiben aber oft ein Rätsel. Durch bessere Herstellungsverfahren und engere Toleranzen ist das Einfahren nicht mehr so entscheidend wie früher.

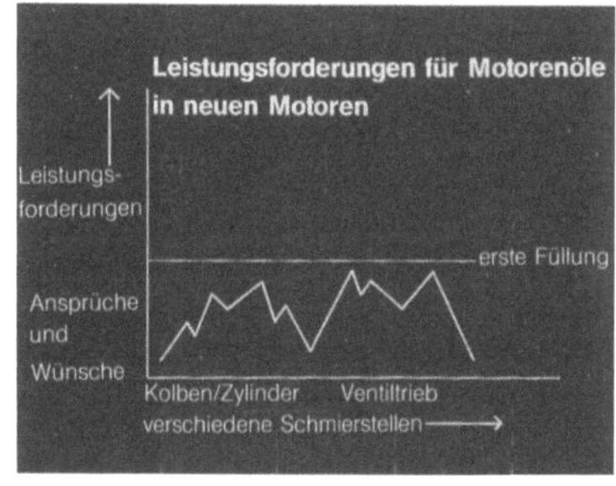

Im Werk wird ein neuer Motor mit Öl gefüllt, das bestimmten Vorschriften entspricht. Es muß das Einlaufen der Kolbenringe unterstützen, dabei aber nicht zu Ventiltriebverschleiß führen. Außerdem muß es schwarzen Schlamm verhindern, obwohl das für manche Öle nicht zutrifft. Natürlich muß auch nach einer Überholung des Motors ein geeignetes Öl für das Einfahren verwendet werden.

Aber man sollte immer daran denken, was das Motorenöl in den ersten kritischen Wochen leisten muß.

Mit dem Einfahren wird das Bearbeiten der Motorenteile abgeschlossen. Das geschieht auf kontrollierte Weise, damit schließlich jedes Teil maßgenau mit seinem Gegenstück zusammenpaßt. Die höchsten Rauhigkeiten der Flächen werden leicht geglättet, so daß die Teile mit minimaler Reibung aneinander gleiten.

Am wichtigsten in dieser Zeit sind der Ventiltrieb und die Kolbenringe. Mitunter wird der Motor auch schon mit einem Spezialöl geliefert, das das Einschleifen unterstützt. Das ist heute aber weniger üblich, und zwar aus folgenden Gründen:

- die moderne Herstellung verringert die Notwendigkeit, den Motor einzufahren,
- höhere Beanspruchungen bedeuten, daß Öl von Anfang an verschleißverhütend wirken muß,
- die Verschmutzung des Motors, besonders durch schwarzen Schlamm, muß verhindert werden.

Das bedeutet, daß Motoren heute mit einem hochwertigen Öl gefüllt werden sollten.

Die Hauptfrage ist, wie lange das „neue" Öl im Motor bleiben soll. Empfehlungen der Hersteller schwanken zwischen 1.000 und 15.000 km, und diese großen Abweichungen sind in der Produktionsqualität und dem Prüfumfang sowie dem Einfahren des Motors im Werk begründet. Manche Motoren wurden bereits gefahren und danach gespült, und das Öl in ihnen kann wesentlich länger verwendet werden als in Motoren, die überhaupt noch nicht gelaufen sind.

Oft wird ein weiteres Problem nicht erkannt, nämlich wie wichtig es ist, das erste Öl auch nicht vor der vom Hersteller empfohlenen Laufleistung zu wechseln. Grund dafür ist, daß die feinen, von den Oberflächen abgearbeiteten Teilchen im Öl verbleiben, als Schleifmittel wirken und die Oberflächen sich berührender Teile schonend abschleifen, bis diese genau zusammenpassen. Diesen kontrollierten Abrieb darf man nicht vorzeitig unterbrechen, was natürlich passiert, wenn das Öl gewechselt wird. Damit könnten die Motorteile niemals wirklich gut zusammenpassen, was zu einem höheren Ölverbrauch als effektiv notwendig führt, selbst bis zu 10.000 km und darüber.

Um das Einarbeiten zu unterstützen, gibt es spezielle Additive. Auch dabei handelt es sich um feine Schleifteilchen, die in den Brennraum gelangen und die Zylinderwände glätten. Selbst bei einem falsch eingefahrenen Motor

können sie diesen Vorgang abschließen, ohne daß er demontiert werden müßte.

Da LPG (also Flüssiggas) als Kraftstoff sauberer ist, brauchen solche Motoren eine längere Einfahrzeit als mit flüssigen Kraftstoffen. Deshalb wird von Herstellern oft empfohlen, die ersten 1000 km mit Benzin zu fahren.

Nach einer Überholung des Motors müssen die eben genannten Überlegungen genauso angestellt werden. Die Bestandteile des Ventilmechanismus sollten insgesamt gleichzeitig erneuert werden, und nie nur die Nocken oder Stößel. Außerdem sollte man sie, wie auch die Kolben, mit einem hochwertigen Fett oder mit Molybdändisulfid bestreichen. Und natürlich muß der Ölfilter bei jedem Ölwechsel ausgetauscht werden.

6.3.2 Viskositätsprobleme

Öle mit zu hoher Viskosität können wegen der schlechten Schmierung beim Kaltstart alle möglichen Motorprobleme verursachen: verschlissene Kolbenringe, Stößelgeräusche und blau anlaufende Kolbenbolzen, nur um einige zu nennen. Auf der Fahrt in den Wintersport ist man sich dieser Gefahren oft nicht bewußt, und manchmal werden die Schäden auch erst nach Monaten deutlich, wenn die eigentliche Ursache längst vergessen ist. Das ist ein Grund, weshalb Öle mit SAE 20W für heutige Motoren nicht mehr empfohlen werden.

Im Sommer kann genau das Gegenteil eintreten. Beim Fahren im Mittelmeerraum können die Öltemperaturen weit über die normalen Werte steigen. Dünnflüssige Öle können zerreißen und ganz ähnliche Schäden wie im Winter bei Mangelschmierung hervorrufen. Auch solche Schäden erkennt man vielleicht erst im

Kohlenstoffablagerungen im Turbogehäuse sind für die Schmierung tödlich. Werden die Lager beschädigt, ist der Turbo wertlos.

nächsten Winter, wenn man schon lange nicht mehr an die warme Sommersonne und ihre unglückseligen Folgen für den Motor denkt.

6.3.3 Turboprobleme

Benzinmotoren mit Turbolader sollten nach schneller Fahrt mit starker Erwärmung niemals sofort abgeschaltet werden, sondern noch eine Weile leerlaufen, damit der Turbo abkühlen kann und sich kein Ruß ablagert oder andere Schäden auftreten. Heute ist die Wasserkühlung stärker verbreitet, die hohe Öltemperaturen und damit Kohlenstoffablagerungen verhindert. Dennoch ist es ratsam, vor dem Abschalten etwas zu warten, um die Beanspruchungen infolge unterschiedlicher Abkühlung zu verringern.

In Dieselmotoren wird der Turbolader nie so heiß wie in Ottomotoren, so daß eine Nachkühlung nicht erforderlich ist. Dennoch kann bei rasanter Beschleunigung von niedrigen Touren aus „schwarzer Rauch" entstehen, weil die Luft fehlt. Teile dieses Rußes erreichen irgendwann das Schmieröl, verschmutzen und verdikken es. Damit wird die Schmierung beim Start schwerer, und die verschleißmindernden Additive können möglicherweise vor Ventiltriebverschleiß nicht mehr schützen. Natürlich sind Motoren mit obenliegender Nockenwelle gegenüber diesen Schäden anfälliger.

6.3.4 Kaltstarts

Wie wir im Abschnitt 3 sahen, kann die Schmierung direkt nach einem Kaltstart nie vollständig sein. Je niedriger die Viskosität, desto schneller wird vollständig geschmiert. Aber auch dann sollte die Drehzahl des Motors nicht zu hoch sein, denn der vom dickflüssigen Öl erzeugte Gegendruck würde ansonsten das Überdruckventil öffnen, Öl zurück in den Sumpf fließen und wichtige Teile ohne ausreichende Schmierung lassen. Fahrten auf der Autobahn kurz nach dem Start können zu Schmierproblemen führen. Stets sollte der Motor vor dem Anfahren ein paar Minuten leerlaufen. Bis die normale Betriebstemperatur erreicht ist, sollten die Drehzahlen auf vernünftige Werte begrenzt bleiben. Auch hierbei sind Öle mit geeigneten Winterwerten wie SAE 5W oder 10W besser als SAE 15W oder höher.

6.3.5 Abstände zwischen Ölwechseln

Kein Öl, selbst das beste, sollte zu lange im Motor bleiben. Die empfohlenen Herstellerwerte sind Höchstwerte. Unter bestimmten Bedingungen können Öle zwar mehr als 20.000 km oder ein Jahr verwendet werden, aber ohne aufwendige Prüfungen wäre es zu riskant, die empfohlenen Grenzwerte zu überschreiten. Ausnahmen könnten solche Motoren bilden, bei denen ein hoher Ölverbrauch die Norm ist und ständig frisches Öl aufgefüllt wird. Moderne Motoren laufen aber 5.000 bis 10.000 km je Liter und manchmal noch mehr. Auf höhere Verbrauchszahlen stößt man nur bei Rennmotoren.

6.3.6 Leerlaufdrehzahl

Wichtig ist die Leerlaufdrehzal eines Motors. Sie sollte nie zu niedrig eingestellt sein, da der Öldruck gefährlich absinken kann, wenn der Motor heiß ist. Weil dann die Ölviskosität am niedrigsten ist, kann es zur Mangelschmierung von Auflageflächen kommen, der Film kann zerfallen und Teile können angegriffen werden. Auch bei niedrigen Umdrehungen sind die Kurven der Nockenwelle stark beansprucht. Wenn dann der Öldruck im Zylinderkopf fast auf null fällt, sind sie besonders gefährdet, und Schäden liegen im Rahmen des Möglichen.

6.3.7 Ölqualität

Ohne Frage ist die Ölqualität ein wichtiger Faktor für den Zustand eines Motors. Das geht auch aus Umfragen unter Autoherstellern und Importeuren hervor, die zeigen, daß bestimmte Fehler mit manchen Ölen häufiger als anderen auftreten. Die Qualität des Öls ist wichtiger als seine Herkunft.

6.3.8 Kraftstoffqualität

Mit Sicherheit kann die Qualität des Kraftstoffs die Bestandteile der Brennräume beeinträchtigen, und schlechte Kraftstoffe können schwere Schäden anrichten. Blei aus dem Benzin zu entfernen, führte zu Problemen mit der Detonation bzw. dem „Klopfen", das Additive auf Bleibasis ja verhindern sollten. Die neuen bleifreien Benzine haben eine Researchoktanzahl (ROZ – der normalerweise angegebene Wert), die im wesentlichen der verbleiter Mischungen entspricht. Niedriger dagegen kann die Motoroktanzahl sein (MOZ – Wert der tatsächlichen Kraftstoffleistung unter schwierigeren Fahrbedingungen), und es kann zum sogenannten Hochdrehzahlklopfen mit schädlichen Auswirkungen auf Kolben, Ringe, Bolzen und Kopfdichtungen kommen.

6.4 Ventiltriebverschleiß

Der Ventiltrieb gehört zu den anfälligsten Teilen des Motors und kann den vielfältigsten Verschleißursachen ausgesetzt sein. Meist ist es schwer, die richtige herauszufinden.

Eine Mercedes-Kurbelwelle nach 100.000 km Prüffahrt unter Verwendung eines Castrol-Öls. Deutlich sichtbar sind der ausgezeichnete Zustand und das Fehlen von Verschleißmarken.

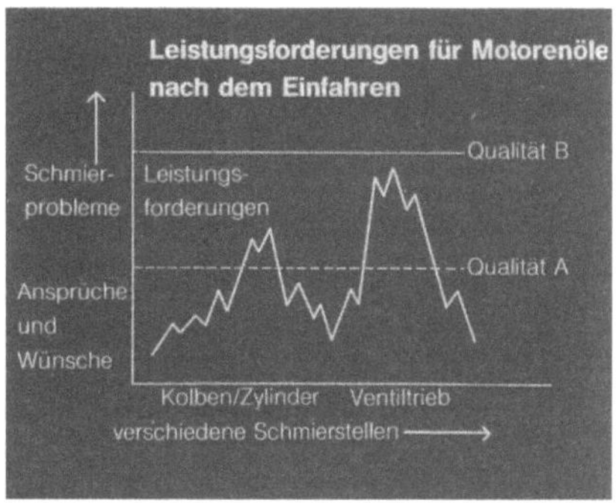

Daten von Händlern, Importeuren und Fahrzeugherstellern weisen eindeutig nach, wie stark Motorverschmutzung und -verschleiß von der Ölqualität abhängen. Auf Schäden verweisen hauptsächlich ein erhöhter Ölverbrauch und der Ventiltriebverschleiß. Für den Ölhersteller kommt es darauf an, nur Additive höchster Qualität zu verwenden, wenn die anderen Eigenschaften vollständig von der Art des Basisöls abhängig sind, gleich ob mineralisch oder synthetisch.

6.4.1 Materialfehler

Eine der Hauptursachen für Nockenschäden ist eine falsche Materialauswahl oder falsche Wärmebehandlung. In diesen Fällen zeigt sich der Fehler im jeweiligen Motor nach einer bestimmten Betriebszeit. Normalerweise wird die betroffene Motorserie dann eingezogen, und die defekten Teile werden gemäß dem Garantieanspruch ersetzt. Aber nicht nur der Ventiltrieb kann betroffen sein. Die bei einem Nockenbruch freigesetzte große Menge von schleifenden Teilchen kann andere Teile beschädigen, besonders die Ölpumpe und das Überdruckventil. Aus diesem Grund müssen auch sie kontrolliert und bei Bedarf ausgetauscht werden.

6.4.2 Montagefehler

Montagefehler wie eine blockierte Ölleitung oder falsch montierte Teile zeigen sich normalerweise sehr schnell. Wenn solche Fehler

repariert werden, wird aber in der Regel nur die Kurbelwelle ausgetauscht. Das ist nicht zu empfehlen, da ja schon die Oberfläche der Kipphebel und Stößel verschlissen sein wird. Langfristig ist es immer billiger, die gesamte Einheit zu wechseln. Vor dem Einbau sollten alle Teile gefettet oder mit Molybdändisulfid bestrichen werden; damit laufen sie nicht trokken, wenn der Motor nach der Reparatur erstmalig startet.

6.4.3 Schwarzer Schlamm

Zum schwarzen Schlamm haben wir schon viel gesagt (Abschnitt 6.1.1), aber es sollte noch beachtet werden, daß er das Öl sauer macht. Diese Säuren werden von geeigneten Additiven neutralisiert, doch dabei werden auch die Additive selbst neutralisiert. Offensichtlich spie-

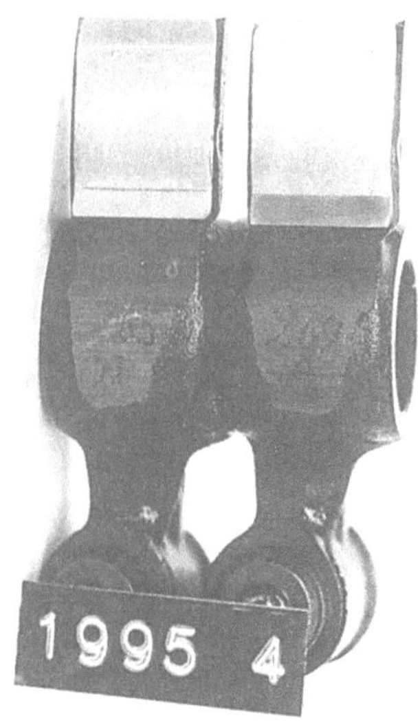

Die Kipphebel des Motors oben sind in genauso gutem Zustand. Die waagerechten Linien auf der Oberfläche sind normal; sie treten dort auf, wo die Nockenspitze den Kipphebel berührt. An dieser Stelle wird der Werkstoff vermutlich verdichtet, wenn der Motor stillsteht oder langsam dreht.

len verschleißmindernde Additive auch eine gewisse Rolle in diesem Prozeß. Wenn diese deaktiviert werden, kann die Verschleißrate alarmierend ansteigen.

Dazu kommen blockierte Ölleitungen. Wird ihr Durchfluß verringert, sinkt die Kühlwirkung. Dadurch heizt sich das Öl auf, die Viskosität fällt ab, und es kann zum Zerfall des Films kommen. Beim Austausch eines beschädigten Ventilmechanismus sollten daher die Teile auf schwarzen Schlamm kontrolliert werden. Tritt er auf, sind die Ölleitungen zu prüfen, die Ölwanne ist auszubauen und von allen Ablagerungen, besonders am Ölsaugkorb der Pumpe, zu reinigen.

6.4.4 Ölqualität

Es wurde schon so oft empfohlen, nur hochwertige Öle zu verwenden (z. B. im Abschnitt 6.3.7), daß dieser Hinweis eigentlich keiner Wiederholung bedarf. Dennoch bekräftigen wir ihn: die einzige Möglichkeit, Fehler zu vermeiden, die auf Schmierstoffe zurückgehen, besteht darin, ein Qualitätsöl eines renommierten Herstellers zu verwenden.

6.4.5 Kaltstops

Mehrfach haben wir vor den Gefahren der Kaltstarts gewarnt, aber gefährlich können auch Kaltstops sein. Läuft der Motor nach einem Kaltstart nicht ausreichend lange, damit das Öl richtig zirkulieren kann, sind Schäden bei einem erneuten Start wahrscheinlicher. Natürlich wird davon am meisten der Ventiltrieb betroffen sein, der am weitesten von der Ölpumpe entfernt liegt. Metallflächen, die auch nur kurze Zeit ohne Öl bleiben, können oxidieren, und wenn dabei eine Nocke oder ein Stößel berührt wird, kann es zu zusätzlichen Schäden kommen. Diese Art von Nockenverschleiß läßt sich dadurch verhindern, daß der Motor lange genug läuft und das Öl richtig zirkuliert.

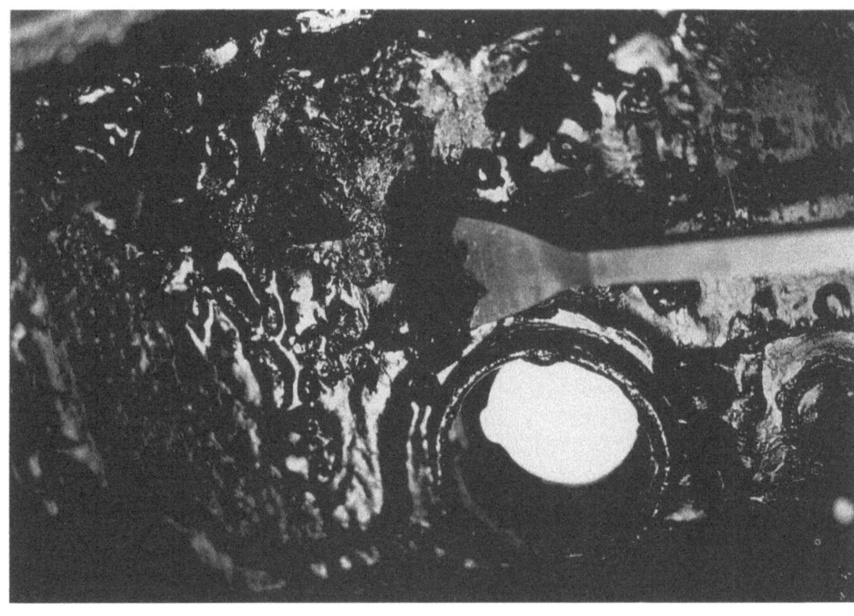

Die schwarze Ablagerung auf dieser Ventilabdeckung ist schon so dick, daß sie abgekratzt werden kann. Sie stammt aus dem im Abschnitt 6.1.1 gezeigten Motor mit dem blockierten Ölansaugkorb.

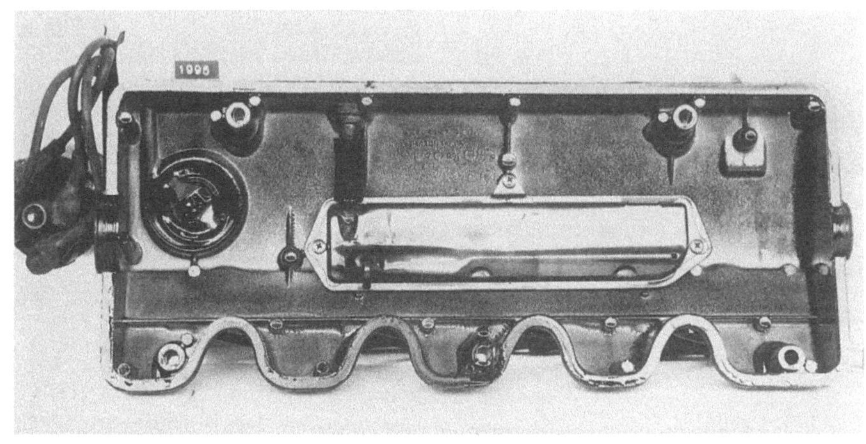

Im scharfen Gegensatz dazu zeigt das Bild der Ventilabdeckung eines Mercedes, wie sauber sie selbst nach einer langen Prüfung sein kann, wenn der Motor mit einem hochwertigen Castrol-Öl läuft. Sogar die Nieten auf der Feder vom Einfüllverschluß sind völlig sauber, genauso wie der Spritzschutz aus rostfreiem Stahl. Die dunkle Färbung des Ölfilms auf der Abdeckung zeigt, daß der Motor von Zeit zu Zeit sehr heiß gelaufen ist.

6.4.6 Ölviskosität

An dieser Stelle muß nur noch einmal auf früher Gesagtes verwiesen werden (vgl. Abschnitt 6.3.6 u. a.). Empfehlenswert ist es, Öle zu verwenden, die den aktuellen CCMC-Vorschriften entsprechen. Das gilt besonders für warme Klimagebiete. Dagegen werden Öle der Klasse SAE 5W oder 10W so schnell wie möglich eine ausreichende Schmierung nach Kaltstarts gewährleisten.

Bei Dieselmotoren, besonders mit Turbo, kann Öl wegen der Kohlenstoffablagerung schnell seine Qualität verlieren: ein Öl mit 15W verdickt bald zu einem der Klasse 20W und erhöht damit die Gefahr, daß der Ventiltrieb verschleißt. Daher werden Öle mit SAE 10W bevorzugt, und selbst ein stark verkohltes SAE 5W würde immer noch eine ausreichende Schmierung nach einem Kaltstart gestatten.

6.4.7 Kaltstarts

Auch hier brauchen wir nur noch einmal zusammenzufassen: niemals den Motor nach einem Kaltstart hochjagen, und bei kaltem Wetter niedrigviskose Öle (SAE 10W oder 5W) verwenden.

6.4.8 Leerlaufdrehzahl

Im Abschnitt 6.3.6 wurde erläutert, daß bei zu geringer Leerlaufdrehzahl die schlechte Ölzufuhr zur Überhitzung führen kann, was die Viskosität verringert und zum Zerfall des Films und zu Nockenverschleiß führt. Um sicherzugehen, sollte immer ein Öl mit einem geeigneten CCMC-Wert gewählt werden.
Siehe dazu auch 4.6.4.

6.4.9 Durchblasen

Kein noch so guter Kolbenring ist absolut dicht. Flüssigkeiten im Zylinder werden am Kolben unter Druck vorbeigepreßt, besonders bei kaltem Motor und verschlissenen Kolbenringen. Dieser Vorgang, Durchblasen genannt, bedeutet, daß kleine Kraftstoff-, Gas- und Wasserdampfmengen regelmäßig in den Sumpf gelangen und sich mit dem Schmierstoff vermischen. Da alle diese Stoffe nicht so viskos wie Motorenöl sind, verringern sie allmählich die Viskosität des Schmierstoffs. Die Folgen sahen wir bereits: bessere Schmierung beim Kaltstart, aber möglicher Zerfall des Films bei hohen Temperaturen. Auch andere negative Folgen gehen von solchen Fremdstoffen aus, besonders bei einem Leck im Kühlsystem, wenn der Frostschutz im Kühlmittel saure Verbindungen bilden kann, die die Lager der Kurbelwelle angreifen.

6.5 Ölverbrauch

Leicht wird deutlich, weshalb ein hoher Ölverbrauch zum Motorverschleiß beiträgt. Ein Motor, der Öl regelrecht säuft, läßt oft zu wenig im Sumpf. Jedesmal, wenn das Fahrzeug beschleunigt, abbremst, Kurven nimmt oder Steigungen bewältigt, taucht das Ölansaugrohr nicht mehr unter die Oberfläche, und die Pumpe kann nicht genug Öl für eine ausreichende Schmierung fördern. Ergebnis: Motorverschleiß.

Nicht ganz so leicht läßt sich verdeutlichen, daß auch ein zu geringer Ölverbrauch schädlich sein kann. Oft weiß der Besitzer nicht, daß, wenn er ein und dasselbe Öl zulange im Motor läßt, das Öl verschmutzt und oxidiert. Seine Viskosität steigt und verhindert eine ausreichende Schmierung beim Kaltstart. Ergebnis: wiederum Motorverschleiß.

6.5.1 Zu hoher Ölverbrauch

Manche Motoren haben einen hohen Ölverbrauch, auch wenn sie offenbar nicht sehr verschlissen sind, und müssen regelmäßig nachgefüllt werden. Im folgenden sind mögliche Gründe dafür aufgeführt, wobei die Reihenfolge keine Rolle spielt:

Verdampfen des Basisöls
Die für heutige Mehrbereichsöle verwendeten Basisöle mit sehr geringer Viskosität haben den Nachteil, daß sie schneller als dickflüssigere Öle verdampfen. Daher ist es sehr kompliziert, eine gute Schmierung beim Kaltstart zu sichern, ohne den Ölverbrauch durch Verdampfen zu steigern, wenn das Öl die heißen Motorteile berührt. Verdampft das Basisöl tatsächlich, wird der Verbrauch vorübergehend bei langen Fahrten oder unmittelbar nach einem Ölwechsel ansteigen. Danach pegelt er sich ein, aber das restliche Öl wird viskoser sein, mit all den damit zusammenhängenden Problemen. In Europa werden deshalb zunehmend synthetische und hydrogekrackte Mineralöle verwendet, die wesentlich besser diese anscheinend unvereinbaren Anforderungen miteinander verbinden können.

Großes Spiel des Abstreifrings
Ein Motor mit zu großem Spiel zwischen Kolben und Zylinderwand wird eine große Menge Öl brauchen. Manche Motoren werden auf diese Weise hergestellt, bei anderen kann es zu starker Verschleiß sein. Unabhängig von der Ursache hat der Ölabstreifring oft eine größere Wirkung auf den Ölverbrauch als das eigentliche Kolbenspiel. Um den hohen Ölverbrauch aufgrund dieser speziellen Ursache zu beheben, sind besondere Abstreifringe erhältlich.

Undichte Ventilführungsdichtungen:
Verschleißen die Dichtungen der Ventilführungen oder verhärten sie unter der Einwirkung von Ölen oder Additiven, tritt Öl aus, besonders unter hohem Unterdruck im Einlaß beim Ansaugen. Jedesmal wenn man dann Gas wegnimmt, wie im Stadtverkehr, bei Abfahrten oder wenn man beim Verlassen der Autobahn bremst, wird Öl durch die defekten Dichtungen gesaugt und im Motor verbrannt. Der resultierende hohe Ölverbrauch läßt sich durch Austausch der Dichtungen beheben. Außerdem sollte ein Öl verwendet werden, daß die Dichtungsmaterialien nicht angreift.

Permanenter Viskositätsverlust
Mit dem Problem des permanenten Viskositätsverlustes beschäftigten wir uns im Abschnitt 4, wo wir die Viskositätsindexverbesserer diskutierten. Tritt dieser Verlust auf, so verdampft das Öl wegen der niedrigeren Viskosität schneller, womit sich der Verbrauch erhöht. In diesem Fall steigt der Ölverbrauch erst dann merklich, wenn das Öl schon eine gewisse Zeit im Motor war oder häufiger hohen Beanspruchungen ausgesetzt wurde. Hier läuft sozusagen eine Qualitätsprüfung ab: ein hochwertiges Öl wird seine Viskosität zwischen den Ölwechseln durchweg beibehalten. Falls ein Ölmanometer vorhanden ist, können seine Messungen ein nützlicher Hinweis auf den Ölzustand sein: fällt der Druck bei heißem Motor stark ab, wurde die Viskosität des Öls bei hohen Temperaturen beeinträchtigt, und die Zeit für den Ölwechsel ist gekommen.

Zu früher Wechsel des Einlauföls
Wie wir im Abschnitt 6.3.1 sahen, werden einige Motoren mit einem Spezialöl für die Einfahrphase gefüllt. Dieses Öl sollte nicht vor der vom Hersteller vorgeschriebenen Zeit gewechselt werden. Bei einem vorzeitigen Ölwechsel wird das Einschleifen unterbrochen, und der Motor verbraucht zu viel Öl. Dennoch ist es schwer zu erklären, warum einige japanische Motoren, bei denen das Öl zu früh gewechselt wurde, diese hohen Verbrauchszahlen erst ab einer Laufleistung von 30.000 km und mehr zeigten. Eine Möglichkeit wäre, daß die sehr feinen Honmarken an der Zylinderwand völlig geglättet waren, und damit die Wirkung des Abstreifrings beeinträchtigt wurde. In dieser Hinsicht besteht eine Parallele zum Phänomen der Glättung von Zylinderbohrungen in Lastwagendieseln, wo harte Kohlenstoffablagerungen die Zylinderbohrungen spiegelglatt polierten, was ähnliche Folgen für den Ölverbrauch hatte.

6.5.2 Zu niedriger Verbrauch

Normalerweise hält man einen niedrigen Ölverbrauch für ein gutes Zeichen. Aber ein Motor, der zu wenig Öl verbraucht, kann auch Probleme haben. Zum Beispiel müssen die Kolbenringe und Ventilführungen geschmiert werden, und das Öl, das diese Arbeit erledigt, wird verbrannt. In der Praxis geschieht es häufig, daß andere Flüssigkeiten wie Kraftstoff in das Öl gelangen und die normalen Ölverluste ausgleichen. Natürlich sollte das nicht so sein, nachzuweisen ist es aber nur mit einer Ölanalyse. Für einen zu niedrigen Ölverbrauch kann es verschiedene Gründe geben, von denen wir die wichtigsten, wieder in keiner besonderen Reihenfolge, nennen:

Oxidation
Wenn das Öl oxidiert, steigt seine Viskosität, was den Ölverbrauch verringert, denn nun verdampft das Öl nicht mehr so leicht. Insgesamt ist das aber, wie wir gesehen haben, kein Vorteil, denkt man nur an die schlechtere Schmierung beim Kaltstart.

Verschmutzung
Dieselmotoren, besonders mit Turbolader und indirekter Einspritzung, neigen zur Ölverschmutzung wegen des starken Rußes, der sich beim Betrieb unter hoher Beanspruchung entwickelt. Damit wird wiederum die Ölviskosität erhöht, was die oben genannten Folgen nach sich zieht.

Hochviskoses Öl
Natürlich kann auch das Öl selbst von Anfang an eine zu hohe Viskosität haben. Manchmal glaubt man, einen zu hohen Ölverbrauch mit einem viskoseren Öl beheben zu können, doch geht das immer zu Lasten der Ventiltriebschmierung. Das gilt besonders für obenliegende Nockenwellen. Ein dickeres Öl zu verwenden, scheint zwar eine gute Idee zu sein, tatsächlich aber wird nur ein Problem durch ein anderes ersetzt. In diesem Fall wäre das Endergebnis nämlich ein zu starker Verschleiß des Ventilmechanismus.

6.6 Ölwechsel

6.6.1 Abstände

In den letzten Jahren wurden die Ölwechselintervalle verlängert, mitunter bis auf 20.000 km oder ein Jahr. Aber damit wurde auch deutlich, daß das Risiko einer Motorverschmutzung bedeutend ansteigt, so daß manche Hersteller ihre empfohlenen Abstände nicht so lang wählten, während andere sie sogar verkürzten. Ein wesentliches Problem besteht darin, daß Kraftfahrer den Hinweis ihrer Betriebsanleitung kaum ernst nehmen, das Öl öfter zu wechseln, wenn der Motor stark beansprucht wird. Die Intervalle sollten sogar halbiert werden, wenn der Motor im Winter nur für kurze Fahrten läuft, im Sommer lange Fahrten in Hitze und Staub macht oder wenn ein Anhänger gezogen wird.

6.6.2 Ölanalyse

Wie wir feststellten, üben die Betriebsbedingungen einen gewaltigen Einfluß auf den Ölzustand aus, und zweifellos gibt es Fälle, in denen das Öl viel länger als die normale empfohlene Zeit zwischen den Wechseln verwendet werden kann. Um ganz sicher zu gehen, muß jedoch das Öl analysiert werden. In Betrieben mit einem großen Fuhrpark wird das normalerweise gemacht, denn die Kosten für Öl und andere Materialien, besonders bei einem ganzen Fuhrpark, können beträchtlich sein. Außerdem gibt die Analyse auch Aufschluß über den Motorzustand. Das Öl in den Dieselloks der Niederländischen Staatsbahn wird erst dann gewechselt, wenn die Analyse die Notwendigkeit dafür ergibt. Dazu braucht man jedoch ein voll ausgerüstetes Labor, und für den einzelnen wäre dies unerschwinglich. Also muß der Hersteller in Absprache mit den Ölproduzenten alle Faktoren berücksichtigen, im Zweifel etwas vorsichtiger sein und einen Richtwert für den Ölwechsel vorgeben. Aufgrund der vielen Einflußfaktoren läßt sich das nicht anders machen.

6.6.3 Ölverschmutzung

Auf seinem Weg durch den Motor berührt das Öl jeden Bestandteil. Es wird enormen Drücken ausgesetzt und muß Temperaturen bis zu 300 °C widerstehen. Scherkräfte wirken zwischen Gleitflächen, wenn eine Grenzschicht an der einen Fläche und die andere an der Gegenfläche haftet. Die verschiedensten Stoffe mischen sich mit ihm: oft die Verbrennungsgase, aber auch alle möglichen Fremdstoffe können in den Motor eindringen. Auch ein gewisser Verschleiß läßt sich nicht umgehen, wodurch Metallteilchen ins Öl gelangen. Nicht alle dieser Verschmutzungen lassen sich herausfiltern, also muß ein Öl diese verschiedensten Stoffe in Suspension oder Lösung halten können. Da sie organisch, metallisch, keramisch, flüssig oder gasförmig sein können, ist das schon eine ziemlich große Aufgabe!

Die Additive im Öl müssen den Motor absolut

sauber halten und verhindern, daß sich Ablagerungen bilden. Sie müssen Säuren neutralisieren und Oxidation verhindern, wie wir im Abschnitt 4 gesehen haben. Versagt das Öl bei einer dieser Aufgaben, können sich schwerwiegende Probleme ergeben. Daher muß jedes Öl, auch das beste, regelmäßig gewechselt werden.

6.6.4 Ölfilter

Hohe Ansprüche werden an die heutigen Ölfilter gestellt, und auch sie müssen regelmäßig ausgetauscht werden. Manchmal wird gesagt, man bräuchte sie nicht bei jedem Ölwechsel auszutauschen, aber das wäre Sparen am falschen Ende, besonders angesichts der heute empfohlenen längeren Abstände zwischen den Ölwechseln. Ein schmutziger Filter kann frisches Öl schnell verschmutzen und damit dessen Fähigkeit verringern, bis zum nächsten Wechsel mit den Schmutzstoffen fertigzuwerden, denen es begegnet. Damit ist seine Lebensdauer effektiv kürzer. Um den Preis eines Filters lohnt sich das wirklich nicht!

6.7 Additive

Mit den Stoffen, die Hersteller den Ölen zufügen, haben wir uns schon beschäftigt. Wie steht es aber mit jenen, die man selbst nach dem Kauf des Öls zugeben kann?

In den etwa 50 Jahren der Herstellung von Öladditiven wurden von bestimmten Produzenten immer wieder die verschiedensten Mixturen angeboten, von denen behauptet wurde, sie verbesserten fast jeden Aspekt von Schmierölen, verringerten den Verschleiß oder schalteten ihn sogar völlig aus. Stimmt das?

Im Abschnitt 4 befaßten wir uns mit den vielen anspruchsvollen Aufgaben eines modernen Mehrbereichsöls und damit, wie schwer ein Ausgleich herzustellen ist, damit die richtigen Additive im richtigen Verhältnis zugefügt werden. Wir mußten auch feststellen, daß sich manche Additive gegenseitig in ihrer Wirkung beeinträchtigen, was es noch schwieriger macht, eine richtige Balance zu finden. So gesehen sollte es eigentlich klar sein, daß es einfach nicht ratsam ist, dem Öl noch weitere Substanzen zuzufügen. Es gibt keine richtige Möglichkeit, die neue Additiv-Kombination zu prüfen, und wenn diese Additive wirklich so gut wären wie behauptet, hätte man sie zweifellos von vornherein im Öl eingesetzt.

Manche Substanzen werden vom Öl nicht gelöst, sondern bleiben als Teilchen in Suspension. Diese gehören zu den bekanntesten Additiven für den Hobbymixer und enthalten Molybdändisulfid, Graphit und PTFE (Poly-

tetrafluorethylen, ein Produkt von Du Pont unter dem Handelsnamen Teflon). Sie alle haben ihre Einsatzgebiete, aber wenn sie nicht ordnungsgemäß mit dem Öl vermischt werden, können sie ausfallen, herausgeschleudert werden, verkrusten oder verklumpen. Daher sollten sie nur als Bestandteile von Ölen verwendet werden, die von einem renommierten Hersteller ordnungsgemäß nach einer bestimmten Formel gemischt wurden.

Natürlich tun sich die Hersteller schwer, neue Stoffe zu akzeptieren, und das ist auch richtig so angesichts der Schwierigkeiten, moderne Mehrbereichsöle zu entwicklen (siehe Abschnitt 5). Für die Anwendung von PTFE in der Industrie spricht vieles. Dort hat es sich als geräuschdämpfend und reibungsmindernd in Getrieben und Hydraulikanlagen bewährt. Aber sowohl Auto- als auch Ölhersteller halten in der Regel nichts von „nachgerüsteten" Additiven. Manche gehen sogar so weit, Garantieansprüche abzulehnen, wenn solche Additive verwendet wurden.

Folglich sollte dem Motoröl überhaupt nichts nachträglich zugefügt werden.
Auch die Devise „Wenn es auch nichts taugt, so schadet es doch nichts" ist falsch: Schäden können sich später herausstellen.

Literaturübersicht

AMT 44 (1984) 12: Muß ein neues Auto noch eingefahren werden?

AMT 45 (1985) 2: Klopfen und Frühzündung: Brocken und Löcher.

AMT 46 (1986) 1: Öladditive und die CCMC-Vorschriften.

AMT 46 (1986) 4: Nochmals: Öladditive und die CCMC-Vorschriften.

AMT 47 (1987) 7/8: Wie verhindern wir „black sludge"?

AMT 48 (1988) 6: Zündkerzen erzählen ihre Geschichte.

AMT 50 (1990) 1: Schadenanalyse beim Nokkenwellenverschleiß.

7 Hinweise

7.1 Allgemeines

Der Text dieses Lehrgangsmaterials enthielt schon eine Vielzahl von Hinweisen und Tips mit umfangreichen Erklärungen. In diesem Abschnitt folgt eine Zusammenfassung dieser Hinweise zum Nachschlagen, wobei auf Details verzichtet wird.

7.1.1 Kaltstarts

Nie den Motor nach einem Kaltstart sofort hochjagen; stets dem Öl ausreichend Zeit geben, vollständig zu zirkulieren.

7.1.2 Qualitätsöl

Immer ein Qualitätsöl verwenden, das die jüngsten API- und CCMC-Vorschriften erfüllt.

7.1.3 Richtige Viskosität

Mehrbereichsöle wählen, die dem Klima, den Empfehlungen des Handbuchs und der Fahrzeugnutzung entsprechen.

7.1.4 Kaltstops

Nie den Motor kalt abschalten; einmal gestartet, sollte er vor dem Abschalten lange genug laufen, damit das Öl vollständig umläuft.

7.1.5 Einfahren

Einen neuen Motor nicht mit zu hohen Drehzahlen oder Lasten fahren. Viele kurze Fahrten in dieser Zeit sind günstiger als lange.

7.1.6 Abstand zwischen Ölwechseln

Selbst bei einem Spitzenöl nie den empfohlenen Abstand überschreiten. Das Einlauföl nicht vor der vom Hersteller angegebenen Zeit wechseln. Falls das Öl nicht gegen Schwarzschlamm wirkt, kann dieser Zeitraum halbiert werden.

7.1.7 Betriebstemperatur

Den Motor erst mit Vollast fahren, wenn er seine richtige Betriebstemperatur erreicht hat.

7.2 Wann sollte man Hinweise ignorieren?

Mitunter ist es ratsam, Hinweise der Hersteller zu ignorieren, besonders wenn sie der Grundregel zuwiderlaufen, stets ein Öl höchster Qualität von einem renommierten Hersteller zu verwenden. Die Hauptgründe dafür sind im folgenden zusammengefaßt.

7.2.1 Veraltete Vorschriften

7.2.2 Unvorhergesehene Probleme

Kein Fahrzeughersteller kann wissen, wie lange das von ihm empfohlene Öl geeignet bleibt. Unvorhergesehene Änderungen der Kraftstoffe oder neue Umweltgesetze können zu völlig neuen Problemen führen.

7.2.3 Unsichere Vorschriften

Fahrzeughersteller prüfen immer sehr genau, ob die empfohlenen Schmierstoffe den Vorschriften genügen. Wie gut ein bestimmtes Öl diese erfüllt, steht aber nicht immer fest. Also: bei Ölen bleiben, den man vertrauen kann.

7.2.4 Fahrbedingungen

Mitunter sehen Hersteller nicht die Bedingungen voraus, unter denen ein Fahrzeug eingesetzt wird. Ein gutes Beispiel dafür ist das Fahren mit Wohnwagen, das erst seit kurzem in Japan bekannt ist und daher von japanischen Herstellern nicht berücksichtigt wurde. Die Besitzer können mit ihren Autos die unmöglichsten Dinge anstellen, und deshalb haben wir die besonderen CCMC-Normen.

7.2.5 Zurückhaltung im Kauf

Manchmal scheint es, als hätten die Hersteller und Importeure etwas gegen die Argumente der Ölhersteller. Einige lassen sogar durchblicken, ein guter Motor könne mit jedem Öl laufen. Aber das eingesetzte Öl hat nichts mit der Motorkonstruktion, aber alles mit seiner Lebensdauer und der Reparaturhäufigkeit zu tun.

7.2.6 Wetterbedingungen

Unerwartete Kälteeinbrüche können den Fahrer überraschen, also sollte man stets darauf vorbereitet sein. Moderne Mehrbereichsöle der Klasse 10W und 5W sind ganzjährig verwendbar. Auf den ersten Blick sind sie zwar teuer, aber doch wesentlich billiger als eine komplette Motorüberholung.

7.3 Öl höchster Qualität verwenden!

Diesen Rat haben wir immer wieder gegeben. Nun wollen wir die Gründe dafür noch einmal zusammenfassen. Unter einem Öl höchster Qualität oder einem Spitzenöl verstehen wir ein Öl mit ausreichend niedriger Winter-Viskosität, das aber seine Hochtemperatur-Viskosität in der CCMC-Prüfung bei 150 °C beibehält.

7.3.1 Veraltete Vorschriften

Alle großen Ölhersteller, besonders die Spezialhersteller von Schmierstoffen wie Castrol, streben danach, ihren Vorsprung zu erhalten und empfehlen niemals Öle nach veralteten Vorschriften.

7.3.2 Schwarzer Schlamm

Die entscheidenden Unterschiede zwischen hoch- und minderwertigen Ölen wurden nie deutlicher als bei dem Problem des schwarzen Schlamms. Nur die Spitzenöle verhinderten, daß er sich bildet.

7.3.3 Beanspruchung des Motors

Niemand kann voraussagen, wie ein Motor gebraucht oder auch mißbraucht wird. Aber selbst ein Mißbrauch läßt sich durch ein Öl höchster Qualität abschwächen, das überall im Motor wirkt und sich dabei nicht verschlechtert.

7.3.4 Öltemperaturen

In Serienwagen können mit die höchsten Temperaturen auftreten, einfach weil man ihre Nutzung nicht voraussehen kann. Hersteller unterschätzen mitunter die möglichen Temperaturen (150 bis 170° C sind in Europa nicht unnormal) und schreiben ein falsches Öl vor. Nochmals: Öl nach der CCMC-Norm ist die einzige Antwort.

7.3.5 Ölverbrauch

Mit einem hochwertigen Basisöl und einem Motor in gutem Zustand wird der Ölverbrauch zwar meßbar, aber gering sein.

7.3.6 Leichtes Starten

Bei hochqualitativen Ölen mit Winterviskositäten von SAE 10W oder 5W hat man immer einen guten und absolut sicheren Start, selbst an den kältesten Tagen.

7.3.7 Batterielebensdauer

Da der Motorwiderstand bei hochwertigen Ölen geringer ist, besonders beim Kaltstart, wird die Batterie auch weniger beansprucht, was für ihre Lebensdauer gut ist.

7.3.8 Kraftstoffeinsparung

Ein geringer Widerstand des Motors bedeutet auch, daß weniger Kraftstoff für die Überwindung der inneren Reibung vergeudet wird. Am spürbarsten wird das bei kurzen Fahrten.

7.3.9 Geringerer Verschleiß

Eine durchgängig gute Schmierung senkt den Verschleiß auf ein Mindestmaß, besonders im Winter. Nicht zufällig werden in Skandinavien seit Jahren schon Öle der Klasse SAE 5W verwendet.

7.3.10 Abstand zwischen Ölwechseln

In Spitzenölen werden nur die besten Additive eingesetzt, die folglich die gesamte Zeit zwischen zwei Ölwechseln wirken, egal wie lang sie ist.

7.3.11 Öldichtungen

Manche Additive greifen Öldichtungen an, besonders Dichtungen von Ventilführungen. Mit einem Öl höchster Qualität bleiben die Ventildichtungen geschmeidig, Leckverluste werden vermieden, und der Ölverbrauch wird gesenkt.

7.3.12 Niedrige Temperatur, niedrige Drehzahlen

Wird im Stadtverkehr häufig in Kolonnen gefahren, läuft der Motor über längere Zeit mit niedrigen Drehzahlen. Erreicht dabei die Öltemperatur nicht 70 °C, so wird die Schmierung des Ventiltriebes kompliziert. Gegen Verschleiß sind besondere Schmieröladditive erforderlich.

8 Liste der Fachbegriffe

API: American Petroleum Institute (Amerikanisches Erdölinstitut), das die Qualitätseinteilung von Schmierölen bestimmt.

API SA- bis SG-Öle: Öle für Ottomotoren. Je später der zweite Buchstabe im Alphabet erscheint, um so höher ist die Qualität gemäß den API-Vorschriften.

API CA- bis CE-Öle: Öle für Dieselmotoren. Je später der zweite Buchstabe im Alphabet erscheint, um so höher ist die Qualität gemäß den API-Vorschriften.

Additive oder Dopes: Zufügungen, die einem Öl bestimmte erwünschte Eigenschaften verleihen.

Basisöl: Öl, das als Ausgangsprodukt für Schmieröl dient. Man unterscheidet mineralische, hydrogekrackte und synthetische Öle.

CCMC: Verband der Automobilhersteller innerhalb der Europäischen Gemeinschaft. Der CCMC erläßt eigene Vorschriften für Schmieröle, weil die amerikanischen API- und SAE-Vorschriften keine Garantie für eine gute Schmierölleistung unter europäischen Bedingungen geben.

CCMC G4- oder G5-Öle: Öle für Ottomotoren. Je höher die Zahl, um so besser die Qualität gemäß den CCMC-Vorschriften.

CCMC D4- oder D5-Öle: Öle für DI-Dieselmotoren. Je höher die Zahl, um so besser die Qualität gemäß den CCMC-Vorschriften.

CCMC PD2-Öle: Öle für IDI-Dieselmotoren. Je höher die Zahl, um so besser die Qualität gemäß den CCMC-Vorschriften.

Detergens: Öladditiv, das für die Sauberkeit sorgt.

DI-Dieselmotoren: Dieselmotoren mit direkter Einspritzung.

Dispersant: Öladditiv, das Verunreinigungen in Dispersion (Schwebe) hält.

Dopes oder Additive: Zufügungen, die einem Öl bestimmte erwünschte Eigenschaften verleihen.

Hydrogekracktes Basisöl: Mineralöl mit hohem Viskositätsindex, entstanden durch Wasserstoffzugabe unter hohem Druck und hoher Temperatur beim Kracken.

HTHS: Schmierölprüfung, die untersucht, inwieweit ein Öl seine Viskosität bei hoher Temperatur (150 °C) und hoher Scherbeanspruchung beibehält. Vom CCMC wird diese Prüfung für alle Schmieröle gefordert.

IDI-Dieselmotoren: Dieselmotoren mit indirekter Einspritzung.

JAMA: Vereinigung der japanischen Automobilhersteller.

Kracken: Aufspaltung langer Ölmoleküle in kürzere, im Englischen „cracking" genannt.

LTLS: Bedingungen niedriger Temperaturen und hoher Scherbeanspruchung wie sie im Stadt- und Kolonnenverkehr beim Fahren mit niedrigen Drehzahlen auftreten. Für diese Bedingungen wurden in Japan Prüfverfahren entwickelt.

Mineralisches Basisöl: Kohlenwasserstoffketten, die als Rohöl in der Erde vorkommen und durch Raffinerieverarbeitung als Schmieröl geeignet sind.

MVMA: Verband der Fahrzeughersteller der USA.

Ottomotoren: Motoren mit Funkenzündung, die mit Benzin oder Gas arbeiten.

Raffinieren: Prozeß, bei dem aus Rohöl durch Erwärmen und Kondensieren (Destillation) verschiedene Produkte (Fraktionen) wie LPG, Benzin und Schmieröl gewonnen werden.

SAE: Kraftfahrzeugtechnische Gesellschaft der USA, die die Viskosität von Schmieröl in bestimmte Klassen eingeteilt hat.

SAE WX-Y: Öl mit dieser Bezeichnung hat eine Viskosität bei niedrigen Temperaturen (W steht für Winter) gemäß Klasse X, bei 100 °C gemäß Klasse Y.

Synthetisches Basisöl: Öl, das nach Maßgabe des Herstellers aus einfachen Molekülen zu längeren Molekülen zusammengesetzt wird (Synthese = Zusammenfügung) und so ein Basisöl mit besonderen Eigenschaften bildet. Auf diese Weise entstehen synthetische Kohlenwasserstoffe.

Andere synthetische Öle enthalten außerdem Elemente wie Sauerstoff, Phosphor oder Silizium als Molekülbestandteile. Diese Produkte haben ganz besondere Eigenschaften, sind aber auch teuer.

Viskosität: Maß der Zähflüssigkeit.

Viskositätsindex: Zahl, die angibt, in welchem Maße die Viskosität von der Temperatur abhängt. Je höher diese Zahl, um so geringer die Viskositätsänderung.

Viskositätsindexverbesserer: lange Moleküle, sogenannte Polymere, die einem Basisöl zur Verbesserung des Viskositätsindex zugefügt werden. Bei niedrigen Temperaturen beeinflussen die Polymere die Viskosität kaum, bei hohen Temperaturen wird die Viskosität erhöht.

Schlußbemerkungen

Ein Motorenöl zu entwickeln, ist keine leichte Aufgabe, und künftig wird es noch schwieriger werden, alle Vorschriften zu erfüllen. Nicht nur technische Entwicklungen, sondern auch Betriebsbedingungen wirken sich deutlich auf Schmierstoffe aus. Werden Vorschriften für Kraftstoffe geändert, so führt das zu völlig neuen Forderungen für Öle.

Ölhersteller, die ein Spitzenöl produzieren wollen, müssen zwei Forderungen erfüllen:

● Sie müssen Forschung, Entwicklung und Prüfung in Zusammenarbeit mit Fahrzeugherstellern und Additiv-Produzenten betreiben.

● Sie müssen schnell auf sich ändernde äußere Bedingungen und technische Entwicklungen reagieren.

Dafür ist eine Unternehmensstruktur erforderlich, die den Informationsfluß aus allen Quellen zu jenen Mitarbeitern fördert, die für die Entwicklung neuer Produkte zuständig sind. Von größter Bedeutung ist der Informationsaustausch auf internationaler Ebene. Er verlangt große Entschlossenheit und hohe Flexibilität.